德育读本

礼义篇 · 廉耻篇 · 孝悌篇 · 忠信篇

绘图珍藏本

HUITU ZHENCANG BEN

德育读本

礼义 篇

二十一世纪出版社
21st Century Publishing House
全国百佳出版社

图书在版编目（CIP）数据

德育课本. 礼义篇 / 蔡振绅编著；深蓝整理. -- 南昌：二十一世纪出版社, 2013.10（2022.4重印）
ISBN 978-7-5391-9067-9

Ⅰ. ①德… Ⅱ. ①蔡… ②深… Ⅲ. ①道德修养－中国－民国 Ⅳ. ①B825

中国版本图书馆CIP数据核字(2013)第224589号

德育读本·礼义篇　　**蔡振绅** / 编著　**深　蓝** / 整理

策　　划　张　明
责任编辑　敖登格日乐
出版发行　二十一世纪出版社
（江西省南昌市子安路75号　330009）
www.21cccc.com　cc21@163.net
出 版 人　张秋林
经　　销　全国新华书店
印　　刷　三河市兴国印务有限公司
版　　次　2018年4月第1版　2022年4月第2次印刷
开　　本　720mm × 1020mm　1/16
印　　张　15.75
字　　数　165千
书　　号　ISBN 978-7-5391-9067-9
定　　价　39.80元

赣版权登字—04—2013—719
如发现印装质量问题，请寄本社图书发行公司调换 0791-6524997

感动于轻松读史中

这套主要面向青少年的读本荟萃了约六百则讲述前辈圣贤品德言行的历史小故事，目的是通过阅读或倾听这些生动真实、通俗易懂、富于教益的故事，教给读者简单实在的做人道理，培养读者高尚的思想道德情操。

道德教育无论在哪个时代、哪个国家都是备受重视的。早在《尚书》里古人就讲“德惟善政”，道德是治理国家和教化人民的基石。中国两三千年的儒学占主导地位的历史都讲教化、德教，讲修身养性、立身处世、安身立命，这些全都是德育的内容。德国康德在《实践理性批判》中写道：“有两件事我愈思考，愈觉神奇，心中也愈充满敬畏，一是我头顶上的这方星空，一是人们心中的道德准则。”道德在西方一直就是这样极受推崇。中国现代以来，特别强调德育。建国后，我们长期倡导青少年要“德、智、体全面发展”，后来又加上了一个“美育”，讲“德、智、体、美全面发展”，始终都把道德的教育与培养放在首位。改革开放以来，我们在全社会倡导“五讲四美三热爱”，把“讲道德”和“心灵美”作为重要的内容。邓小平要求社会主义新人应该是“有理想有道德有文化有纪律”的“四有”人才；江泽民讲“以德治国”；胡锦涛提出以“八荣八耻”为主要内容的社会主义荣辱观，都是在强调道德教育、教化巨大而重要的社会功能。

我们编辑整理的这套书，从根本上说，是一套道德教育读本，是一套中华传统美德教育读本。这个读本最显著的特点或称优点是：所有的道德说教或教诲都寓含于一个个的历史小故事之中。而这些故事的主人公基本上是古代的圣贤、英雄或做人的楷模。故事简单有趣，读来毫不费劲，但在阅读过程中却能潜移默化地受到前人高尚言行的熏染和影响。孔子说：见贤思齐，意思是，见到比自己贤能、优秀的人就想向他们看齐。青少年读者在读到这些中国古代优秀人士的事迹后，就会产生向他们看齐、向他们学习的愿望，也就能在轻松的阅读中逐渐培养起自身良好的道德情操和精神修养。

这套书原题《八德须知》，他的主要编辑者是民国时期浙江湖州的蔡振绅先生。他的父亲蔡丕著晚年得子，遂辞去官职，解甲归田，亲自教育儿子。在蔡振绅四岁时就教他读《孝经》，每天夜里都给他讲授一则古人的嘉言懿行，故事的题目都是四个字的，如《虞舜耕田》《木兰从军》。一年之中，只有除夕和元旦这两天停讲。父亲这样娓娓讲述先圣前贤的故事持续了多年，给蔡振绅留下了终生难忘的印象。他后来常常回忆起父亲在他童年时讲的这些故事，感慨良多，受益无尽，于是就想根据记忆将这些故事记录整理出来，用以启蒙、教育后来者。因此，当他读到福建黄继谷先生依照古本《二十四孝》故事的体例编撰而成的《八德须知》一书时，感触良多，又怀想起父亲当年对自己的夜夜教诲，便开始着手将童年受教于父亲的故事内容，仿照相似的体例进行分类编辑整理，内容不足的就参照各种史书和历史传记的记载予以增补。为了适应童幼少年的接受习惯，每则故事都只有八十个字左右，并且全都配上由周顺章等人根据故事内容所作的插图，同时附上四句四个字的题诗，题诗是对故事内容的简单概括和归纳，便于孩子背诵或记忆。每则故事的题目前两字都是人物名，后两字则介绍他的事迹或史实。

蔡振绅编撰的这套书的内容都是依据史传、史书而来，因此书名原拟称作《历史八德言行录》，因为黄继谷《八德须知》已有相当影响，便沿用了这一名称。最难得和可贵的是，本书所有故事都是确有其人其事，都是以史为据、有案可查的。真实的力量、榜样的力量是无穷的。这套书本意就是要通过叙述前人的这些嘉美良善的言行，为后世读者树立一个道德的标杆和效法的楷模。

自古以来，中华民族就有讲求孝悌、忠信、礼义、廉耻的美好传统。在文明进化到今天的现代社会，是非、善恶、美丑的界限绝对不能混淆，要在全社会大力倡导基本道德规范，促进良好社会风气的形成和发展。社会主义荣辱观所概括的“八荣八耻”正是我国道德规范的基本内容，也是社会核心价值体系的基本内容。社会主义荣辱观特别强调要“知耻”，即知道怎样去做才是光荣的而怎样做就是可耻的。其中，“以热爱祖国为荣、以危害祖国为耻，以服务人民为荣、以背离人民为耻”，分别讲爱国、为民，这实际上相当于古人所谓的“忠”，即忠于国家和人民；“以诚实守信为荣、以见利忘义为耻”讲诚信，就是古人所谓的“信”，“守信”和有“信义”；“以遵纪守法为荣、以违法乱纪为耻”讲守法，就是古人所谓的“礼”，知礼自然不会违法乱纪；“以艰苦奋斗为荣、以骄奢淫逸为耻”讲勤俭、艰苦朴素，相当于古人所谓的“廉”，应“清正廉洁”；“以崇尚科学为荣、以愚昧无知为耻”，“以辛勤劳动为荣、以好逸恶劳为耻”，“以团结互助为荣、以损人利己为耻”，分别讲科学、勤劳和协作，相当于古人所谓的“忠义”、“孝悌”。可见，“八荣八耻”与古人所谓的“八德”之间是血脉相通、一脉相承的。因此，我们这套依据《八德须知》改编的读本非常适合作为社会主义荣辱观教育的辅助读物，对帮助读者深入了解和深刻把握社会主义基本道德规范和核心价值体系大有助益。

当年蔡振绅编完《八德须知》，“同人闻之而色喜兮，共乐踊跃以输捐，计二集之书三万有奇兮”。许多的朋友同好纷纷捐钱来帮助刊印这套书。书大约在1932年前后陆续编辑出版。出版后不到两年，就遇到日本侵略者进攻上海的闸北，闸北的房舍十有八九都被炮火摧毁。这套书当时正在闸北的印刷厂里制作，侥幸逃过了战火，存留了下来。后来，《八德须知》在全国公开发行，大受各界读者欢迎。遗憾的是，建国后这套书就罕见踪影。此次我们从国家图书馆善本室的“故纸堆”里发现这套书，重新进行整理修订，基本保留了文言原文和插图及题诗，删去了一些明显带有封建迷信的内容，并约请熟悉文言文和古代历史的朋友，根据现代汉语规范重新进行白话文翻译，力求文字简洁生动，适合青少年读者的阅读习惯。同时沿袭这套书原来的编排体例，根据故事内容主题划分为孝悌、忠信、礼义、廉耻四卷，并在每本书前分别附有序言，以帮助读者更好地理解该书的深刻蕴涵。

这几年，全社会都在探讨做人的道德底线的问题，社会舆论也愈来愈担忧青少年的道德滑坡、品格沦丧，在这样的现实背景下，我们整理出版这套通俗读解历史、讲述中华美德故事的图书，对于传承中华五千多年历久弥新的德教精神、清正社会风气、建立社会核心价值体系，是非常及时并具有深远意义的。幼儿养性、童蒙养正、少儿养志、成人养德，看圣贤事、立君子品、做有德人，让我们重视这一类世代相传、发人深省的传统，感动于轻松读史中。

说说礼义

我国是一个礼仪之邦。礼教在传统教育中占据相当重要的地位。古人说："不知礼，无以立。"意思就是：不懂得礼节、礼仪，就无法在世间立足安身。可见，礼对于人们的重要性。

宋代大儒吕东莱说："夫礼也者，所以定尊卑、明贵贱、辨等列、序少长、习威仪。人所不能外其规矩者也。而况朝庙祭献，非礼不能昭其诚；冠婚丧祭，非礼不能尽其情；宾朋酬酢，非礼不能表其敬。"这段话的意思是：礼是用来确立社会关系规范的，礼同我们的日常生活息息相关，无论是成年加冠、结婚、丧葬、祭祀，还是宾客、朋友之间的应酬来往，都要讲究礼。我们讲礼，就是要以礼待人，对别人要以礼相见，彬彬有礼。人与人之间要诚敬、谦让、互助，要遵循礼数的要求，讲究礼貌，注意礼节。上级或地位尊贵者对于下属或地位低下者则需要礼贤下士。人若能以礼存心、以礼制心，便自然不会参与犯奸作科、违法乱纪之类的恶行。因此，礼是修身立世的要诀，是安邦定国的大计。

礼能化俗，礼尚往来。礼讲究的是人与人之间有来有往、诚敬谦让、投桃报李、互帮互助、相互提携。因此，礼在调协人际关系、净化社会风气等方面具有不可替代的作用。"礼之用，和为贵。"礼是人际关系的润滑剂，能够帮助消除人与人之间的紧张、对立态度和情绪，是促进人际和谐、社会和谐的重要杠杆。国与国之间也要讲礼。我们常说"先礼后兵"，就是讲国家之间的关系要把礼节放在第一位。不遵循礼仪和礼节的要求，是引发战争的一个原因。礼尚往来则能促进国家间关系的和谐，使彼此和平共处。

礼在古代被认为是人区别于禽兽的重要特征。无礼，即是粗鲁，也是野蛮、不开化的代名词。"人而无礼，胡不遄死。"无礼之人，是无法在世上安身的。

义，就是正义、道义、仁义。古代的"义"字，由"羊"和"我"字组成。

“义”从“羊”，即与善、美同义。因此我们将坦荡正气称为“义气”，将慷慨之举称为“义举”；赞美“义薄云天”，就是认为义这种浩然正气能与天一样高。我们又把农民起来抗争称为“举义旗”、“起义”，即谓其是正义之举。“义”又从“我”，即谓义出于己，由己决定。汉代大儒董仲舒说：“仁者，人也。义者，我也。谓仁必及人，义必由中断制也。”意思是：“仁义”二字中所谓的仁主要是讲对人的态度，即要“爱人”；义则是对自己的要求，是可以通过自身努力而达到的。

如果说礼主要体现在待人的态度上的话，那么，义则主要体现在对事的态度上。我们讲要“以义处事”，就是在处理事情时要坚持正义和道义，秉持义的准绳和尺度。要追求人间正义，坚信正义必胜。“义理”常常并称，义与理二者是统一的，掌握道义、拥有正义就是掌握真理和事理，就是有理、有利的一方。

今天我们倡导义，特别要处理好义与利的关系。我们倡导和推崇的是一种健康的、积极的社会主义义利观。孔子说：“君子喻于义，小人喻于利。”意思是：有道行的君子通晓义的道理，品行低下的小人通晓如何渔利。他又说：“不义而富且贵，于我如浮云。”君子爱财，取之有道；不义之财不能取，不义之贵不可求。在义和利的关系面前，我们一定要见利思义、见得思义，切不可见利忘义、见得忘义。其次，在义举面前，在正义、道义、大义面前，要能够做到见义勇为；在生死与正义的抉择面前要能舍生取义。见义不为是“无勇”，即没有勇气和胆略的表现。孟子说：“生，亦我所欲也。义，亦我所欲也。二者不可得兼，舍生而取义者也。”就是号召人们在生死与正义二者不能兼得时要舍生取义、杀身成仁。特别是在面临民族大义、大是大非面前要能舍生取义。这样的舍生取义也被称作“就义”，而那些能够大义凛然英勇就义的人总是被命名为烈士、勇士、义士，值得大书特书镌刻于史册之上，成为后来者学习和仿效的榜样。

当然，我们讲义，推崇仁义、道义和正义，还要正确区分狭隘的意气用事和哥们儿意气。为朋友而两肋插刀却不问是非曲直，就是狭隘的意气用事和哥们儿意气。可见，坚持“义”首先是要分清是非、善恶和美丑，要坚定地站在真、善、美的立场上，这才是真正地坚持了义，贯彻了义。

不知礼，无以立。礼之体，敬为主。礼之用，和为贵。人之所异于禽兽者，以礼故也。礼以诚敬为体，以威仪为用，以中正为则，以谦让为主。

非礼勿视，非礼勿听，非礼勿言，非礼勿动，所谓守程四箴也。人能以礼制心，则奸盗诈伪之端必不作。人能以礼制事，则犯上作乱之事必不为。故礼也者，持身涉世之要端，亦即治国平天下之大经大法也。

董子（董仲舒）曰：『仁者，人也；义者，我也。谓仁必及人，义必由中断制也。』义从羊，与善、美同义。孟子曰：『生，亦我所欲也；义，亦我所欲也。二者不可得兼，舍生而取义者也。』是故见得思义，见利思义。义然后取，人不厌其取。君子以义为上。

义者，所以处事也。凡人作事，须处处合乎天理，顺乎人情。五伦之中，无时无地，不能离一『义』字。

孔子曰：『君子喻于义。』『见义不为，无勇也。』『闻义不能徙，不善不能改，是吾忧也。』『不义而富且贵，于我如浮云。』

◇原 文

周，伯禽随康叔三见周公，三被笞。以问商子，曰：『南山之阳有桥木，北山之阴有梓木，盍往观？』伯禽见桥高而仰，梓卑而俯，还告商子，曰：『桥者父道，梓者子道。』明日，伯禽入门而趋，登堂而跪，周公嘉其得君子之教。

周公制礼，实开礼教之源。且尝一饭三吐哺，一沐三握发，以礼天下之贤士。商子以桥梓明父子之道，俾尽乎礼，诚不愧为君子矣。

◇白 话

周朝初年，周公有个儿子叫伯禽。伯禽跟着康叔去拜见父亲，结果去三次就被周公杖打三次。伯禽被打，但不明白是何原因，于是去向商子请教。商子没有直接回答他，而是说：“南山的阳面有一种树，叫乔木；北山的阴面有一种树，叫梓树。你去看看这两种树就知道原因了。”伯禽按他的话去到山中，只见乔木高大茂密，树冠高高仰起；而梓树长得矮矮小小，树冠低俯着，很恭谦的样子。伯禽回来把自己所看告诉了商子。商子慈爱地说：“是呀，乔木高仰，就像做父亲的；梓树低俯，就像做儿子的。你看树都有高低之别，人也应该长幼有别才对啊！长辈晚辈间，是一定要讲礼节的。”伯禽听了，恍然大悟，第二天又去见父亲，一进门就快步上前行了个跪拜礼。周公看到他的表现后非常高兴，赞他一定是受到了高人的教诲。

周公制定礼仪，开了礼教的源头。他曾因急于接见贤士，吃一顿饭停下三次，洗一次头也中断好几次。商子用乔木、梓树为喻向伯禽讲明父子之间要有礼仪的道理，使他懂得礼节，实在是善为人师的高人。

周鲁伯禽，观于乔梓。入门而趋，登堂而跪。

◇ **原 文**

周，宋大水，鲁庄公使吊焉。公子御说承父命对曰：『孤实不敬，天降之灾又以为君忧，拜命之辱。』臧文仲曰：『宋其兴乎？禹汤罪己，其兴也勃焉；桀纣罪人，其亡也忽焉。且列国有凶，称孤，礼也。言惧而名礼，其庶乎？』

罪归诸己，则和气致祥，人心欢洽；罪归诸人，则戾气相感，民怨沸腾。公子御说以天灾引咎自责，臧孙达谓其是宜为君，有恤民之心。厥后果称贤君，可见人君之宜履礼爱人也。

◇ **白 话**

周朝时候，宋国遭受了重大水灾，鲁庄公派使者前去慰问。宋国的公子御说奉父王之命接待使者，他对使者说：“因为我的不敬，上天对宋国降下灾祸，也使贵国国君为我们担忧了，对此鄙人深感抱歉，在此请您接受我的礼拜，以示感谢贵国君主的关心。”鲁国大夫臧文仲听说了这番话，预言说：“宋国将要兴起了。从前，夏禹王、商汤王有事也总是归罪于自己，所以他们在位时国家很快就兴盛起来；而夏桀王、商纣王每件事都归罪于人，所以他们很快就亡了国。哪个诸侯列国有了灾荒，君主都把责任扛在自己身上，这是合于礼法的。而宋国公子御说的言语既谦卑又合礼，看来宋国的兴起是铁定无疑的了。”后来，宋国果然成为诸侯中的强国，宋桓公也成为当时贤德的君主。

将罪过归于自己，君民关系就会融洽，而把什么过错都归于别人并加以埋怨，就会导致君臣关系紧张，民怨沸腾。宋国公子御说深知其中的道理，善于自责，使君臣、君民关系融洽和谐，国家逐渐强大。由此可见，仁德的君主不仅应遵守礼节，还要懂得自责和谦虚。

宋桓未立，深明大体。
遇水恤民，言惧名礼。

钼麑触槐

◇ **原 文**

周，晋钼麑，勇而知礼。灵公不君，赵宣子数谏，公患之，使钼麑贼之。晨往，寝门辟矣，盛服将朝，尚早，坐而假寐。麑退而叹曰：『不忘恭敬，民之主也。贼民之主，不忠；弃君之命，不信。』遂触槐而死。

钼麑，一力士耳。其于赵盾，无恩怨之可言，非若灵辄之翳桑受惠也，况将君命以往乎？乃见盾之不忘恭敬，遂不忍贼民之主，触槐以死。其重礼为何如乎？而盾之获免全在礼，人可斯须去礼乎？

◇ **白 话**

周朝时候，晋国有个武士叫钼麑（钼麑，音 jǔ ní），勇敢而知礼。但国君晋灵公却肆意胡为，昏庸无能且无道行。他有个臣子，叫赵盾，敢于直言进谏，经常阻止晋灵公干那些不法之事，因此晋灵公很讨厌他，暗中派出钼麑去刺杀他。行刺那天，钼麑去得特别早，却见赵盾已经穿戴整齐，准备去上早朝了。时间还早，赵盾就在凳子上端正地坐着，小睡片刻。钼麑见了这般情形，叹息一声说："就连无人之时也表现出对君主是那样的恭敬，我要刺杀了这样的人，以后还会有忠义之士吗？但不杀他，又等于背弃君主命令，背弃命令，那就是不守信用。"钼麑左右为难，思量再三，再没什么办法好选择了，于是自己一头撞在槐树上，自杀身亡了。

钼麑和赵盾并没什么过节，他去刺杀赵盾只是奉命行事。他最终放弃刺杀，并不因为像灵辄那样受过赵盾的救助，而是被赵盾的忠君精神深深感动。他不想做不忠不义的人，两难之中，只好选择用撞死来逃避自己良心的谴责。细细品味，赵盾能够逃脱一劫，也全在于一个“礼”字，由此可见，礼对我们是多么的重要呀。

鉏麑刺盾，奉命而来。不贼恭敬，竟自触槐。

孔子尽礼

◇ **原　文**

周，鲁，孔子幼嬉戏，陈俎豆，设礼容。适周，问礼于老聃。仕鲁，摄行相事，事君尽礼。入太庙，每事问。从而祭，膰肉不至，遂行。过宋，与弟子习礼树下，燕居，申申夭夭，温而厉，威而不猛，恭而安。席不正不坐，割不正不食。

孔子为三代完人，所尽不仅礼也，惟礼教以周孔为尊。周公制礼，孔子定礼，而礼教得以大明。以天纵之圣，犹问礼于老聃，且入太庙，每事必问。子贡欲去告朔饩羊，犹曰：『我爱其礼。』故为万世之师也。

◇ **白　话**

周朝时候，鲁国出了个大圣人，就是后来妇孺皆知的大思想家——孔子。孔子生性喜欢礼仪，还在年幼嬉戏之时，就喜欢陈设礼器，模仿行礼的仪容举止。到了周朝，他认真地向名士老子请教礼的问题。后来，孔子在鲁国做了司寇（司寇：官名，掌刑狱、纠察等事），他侍奉君王严格按礼节行事。每次走进周公的太庙，事事都虚心向人请教，生怕自己有失礼的地方。一次，他跟随鲁国国君举行祭礼，但分祭肉时，却没有给孔子一份，孔子因为他们的无礼，很快就离开了鲁国。路过宋国时，他和一班弟子在大树下练习礼节，孔子和颜悦色，神情安详，看起来温文尔雅，但温和中不失威严；他外表恭谨，内心却安泰自然，见过的人都说他内外兼修，有礼有仪。孔子凡事都按礼节去做，就是遇到席子放得不正也不会去坐；切得不方正的肉，也不肯吃。

孔子是夏商周三代的杰出人物，他天生聪颖，具有圣人之资，但谦虚恭谨，凡事都虚心向人请教，每次走进太庙，事事都向别人学习，他不仅尽礼，还谦让宽容，所以被人们尊为圣人。

至圣孔子，老聃是师。
事君尽礼，温恭威仪。

石奋恭谨

◇ **原 文**

汉，大中大夫石奋，无文字，极恭谨。四子皆以谨，官至二千石，因号『万石君』。归老于家。过宫门，必下车趋；见路马，必式；子孙为吏来谒，必朝服见之，不名；子孙有过，为便坐，对案不食；诸子相责，肉袒谢罪，改之，乃许。

许止净谓石家父子以敬谨持躬，故事君则忠，事父则孝，教子则慈，治民则化。文王以小心翼翼而兴周，武侯以一生谨慎而治蜀，至晋则竞尚旷达，倮身相对，子呼父，蔑视礼法，遂召五胡之乱矣。

◇ **白 话**

汉朝有个大夫叫石奋，虽没出众的文学才华，但为人非常恭敬谨慎。石奋有四个儿子，个个都因做事谨慎做了官俸二千石的官，因为这个缘故，当时的人把石奋叫做“万石君”。后来，石奋告老回家，但他仍然保持谦虚恭敬的作风。每次经过宫门，他一定会跳下车、快步走过以示恭敬；要是遇到皇帝骑的马，也一定低下头行过礼才离去；子孙中有做了官的来看望他，他一定是换上朝服才见他们的，并且不再直呼他们的名字，而是以官名相称；子孙偶然有了过错，石奋就面色严肃，对着桌子不肯吃饭，直到犯错的晚辈承认了错误表示了悔改，石奋才肯吃饭。

许止净认为石家父子因为恭敬谨慎，所以侍奉君王能够尽忠，侍奉父母能够尽孝，慈爱严谨地教育子孙，推行教化治理百姓。历史上周文王因为谦虚谨慎而使周朝兴起，武侯也因一生谨慎而使蜀地安定。到了晋代，人们却都争相崇尚旷达，放浪形骸，蔑视礼节，所以才会招致所谓

“五胡乱华” 的悲剧（五胡乱华：西晋末年，各族人民纷纷起义，匈奴、鲜卑、羯、氐、羌等五族的上层分子，乘机窃取各族人民起义斗争的果实，先后建立十六国政权）。

石奋父子，敬谨持躬。忠孝慈悌，万石家风。

仇览自整

◇原 文

汉，仇览为蒲亭长，劝人生业农事毕，乃令子弟还就学，其剽轻游恣者，皆役以田桑，严设科罚。平日宴居，必以礼自整。妻子有过，辄免冠自责。妻子庭谢，候览冠，乃敢升堂。

陈元母告元不孝，览以教化未至，亲到元家，为陈人伦孝行，元卒成孝子。其礼教之化人，诚足为后世法。

◇白 话

汉代有个叫仇览的人，是当时蒲县的亭长（亭长：秦汉时每十里为一亭，设亭长一人，掌治安、诉讼等事）。他在任期间大力鼓励当地年轻人认真读书，对那些轻佻游荡、不爱学习的弟子，则命令他们去服兵役徭役或耕田种桑。仇览积极推行礼义教化，并不惜制定严厉的科罚制度去推行。他在外严厉，在家也总是以身作则，用礼义严格要求自己。妻子和孩子们犯了错，他就摘去自己的冠帽，责备自己没有教育好他们；妻子和孩子们认识到自己的过错后，在庭前反省谢罪过了，仇览才戴上帽子，原谅了他们。

当时有个叫陈元的，母亲到衙门状告陈元不孝，仇览就亲自到他家里为他讲人伦孝悌。循循善诱的讲解中，陈元深受感化，很快就成了一个孝子。仇览用礼教去感化人、教育人，这种方法实在值得我们后世学习和效法。

仇览宴居，以礼自整。
不责妻孥，免冠内省。

◇ **原　文**

汉，卢植，刚毅有大节，师马融。融左右多列美姬，植侍讲数年，未尝一盼，融以是敬之。董卓议废立，众唯唯，植独抗论不回。曹操尝曰：『植名著海内，学为儒宗，士之楷模，国之桢干。』昭烈微时，尝执经门下。

礼为男女大防。人之心志，最易为女子所移。故孔圣尝以未见好德如好色勉人。马融坐高堂，施绛帐，前授生徒，后列女乐，亦以试诸生之心耳。植侍讲数年，未尝一盼，即此守礼一端，可以风世矣。

◇ **白　话**

汉朝末年，有个叫卢植的，为人刚毅有气节，曾拜马融为师。马融身边通常站着很多貌美如花的姬妾，卢植在老师面前侍立多年，从没斜眼看过她们，更别说动什么邪念了，因此马融非常敬重他的为人。那时有个大奸臣叫董卓，召集了朝廷的臣子商议废除皇帝的事。许多人都因畏惧董卓的权势，违心地同意了，只有卢植不畏权势，义正辞严地抗议。曹操曾赞扬卢植说："卢植名扬四海，学富五车，是读书人的楷模，是国家的栋梁。"蜀汉昭烈帝在还没做皇帝之时，也很敬重他的人品和学识，聘请他做自己的老师。

礼是男女之间最大的防线。男人的心智最容易被女人改变，所以孔子曾用"未见好德如好色"的话勉励大家。卢植在马融面前侍立讲书多年，却从不为他身边曼妙的女子所动，光是遵守礼节这一点，就足以让世人学习了。

卢植侍师，左右美姬。
未尝一盼，数载如斯。

◇ **原 文**

晋，孙晷恭孝清约，每独处幽暗之中，容止瞻望未尝倾斜。虽侯家丰厚，而布衣蔬食，躬耕垄亩，诵咏不废，欣然独得。亲故有穷老者数人，恒往来告索，人多厌慢之，而晷欣敬逾甚，寒则同寝，食则同器。朝野称之。

人能于独处幽暗之中，容止瞻望常不倾斜，则其动容周旋必中礼矣。人能于穷老告索之时，有求必应，不生厌慢，则其敬老怜贫之礼尽矣。况事父孝，事兄恭，喜人善，畏闻人恶，非深于礼者不至此。

◇ **白 话**

晋朝的孙晷（晷，音guǐ）为人恭谨，清廉节约，即使自己独处，也能做到神态举止如一。孙晷生于富贵之家，但生活却非常简朴，穿布衣，吃素菜，还亲自到田间种地，一有时间就读书吟诗。生活是这样的简约清贫，但孙晷却以此为乐，过得悠然自得。他有几个亲戚，年老穷困，常常到家里来借钱，来得多了，家里人都很讨厌、怠慢他们，惟独孙晷对他们格外敬重，尽自己所能去解决他们的难题，有时还把他们接到家里来，和他们同吃一桌菜，同睡一间屋，因此，朝廷内外的人都对他称赞有加。

孙晷独处时也不改一贯的礼仪举止，年老穷苦的老人向他求助则有求必应并且不产生厌倦之情，他实在是深明大义啊！他侍奉父母能尽孝道，对待兄长能做到恭敬有礼，善于发现别人的优点，光明磊落从不在背后议论别人。这些，只有深懂礼节的人才能做得到啊！

孙暑独处，未尝倾斜。穷老告索，欣敬有加。

原平恭耕

◇ **原 文**

南宋，郭原平，禀至行，佣力养亲。亲殁既葬，墓前田数十亩，原平见耕者裸袒，亵其墓，乃货家资贵买其田宅。束带垂泣，躬自耕垦。每出卖物，裁求半价。邑人共识，加价与之，彼此相让，要使微贱，然后取直。

许止净曰：『诗云‘维桑与梓，必恭敬止’，况父母邱墓乎？束带躬耕，此礼之出乎至性者，非矫也。卖物求半价，而人加价与之，何俗之醇耶？然盛德所感，无有顽民，亦理之必然也。』

◇ **白 话**

南北朝时期，宋国有个叫郭原平的人，性情极好品行端正。郭原平家里很穷，他就替人做工，用挣来的钱供养父母，非常孝顺。父母去世后，他也按礼节安葬了他们。安葬完毕，原平发现父母坟前的几十亩空地上有人在耕田，他们赤身露体，汗流浃背，原平担心他们露着赤裸的身体会亵渎了父母的亡灵，于是就倾其所有买下了那块地，系好衣带，流着因失去双亲而悲伤的眼泪亲自去耕种。田里产出粮食后，他也总是按半价卖给别人，城里人都知道原平的仁厚，想加倍给他钱以回报他的美德，但原平从不肯要，彼此推让几番，都要争执起来了，最后价钱还是低下来一点，原平才同意把粮食卖出去。

许止净说：“《诗经》中说‘即使是桑树和梓树都应恭敬地对待’，更何况是父母的坟墓呢？原平亲自耕种，是怕父母的亡灵受到惊扰，这些，完全是出于礼节。都说‘至性之人，决不矫情’，原平真心实意想低价把粮食卖给别人，别人却加倍给他钱，这是多么纯朴的民风！在高风亮节的感召下没有冥顽不化的人，这也是必然的道理啊！”

郭子原平，事死如生。恐人裸袒，束带躬耕。

索敞严肃

◇ **原　文**

北魏，索敞为中书博士。时魏尚武功，贵近子弟不以讲学为意。敞勤于诱导，肃而有礼，贵游皆严惮焉，多所成立，前后显达至尚书牧守者数十人，皆受业于敞。敞以丧服散于众篇，遂选比为《丧服要记》。

许止净谓世风日下，士气嚣张，为师者宁取其严，不取其宽。师不严，则道不尊。学者于自治之规矩准绳尚瞀瞀不知，安望其克己复礼、为忠为孝乎？故治国必自端士风始。欲端士风，必自尊师道始。

◇ **白　话**

南北朝时期，北魏有个叫索敞的，在朝廷做中书博士（中书博士：官名，掌撰拟、记载、翻译、缮写）。那时朝廷一味尚武，因此富家子弟都不太重视考究学问，索敞就常常循循善诱教导他们，他的教导既严肃又合乎礼节，跟他游学的贵家子弟都很惧怕他，学起来也就格外认真。后来，他的学生中出了很多有名的人，光是官至尚书、太守的竟有几十人，由此也可以看出，索敞在育人方面是成就卓越的。后来在治学过程中，索敞发现《礼记》里丧服部分没有专篇讲述，散见在各篇里不便查阅，就将它们全部选出，编成《丧服要记》，流芳百世。

许止净认为在学风越来越淡、读书人越来越浮躁的情况下，做老师的应该严格要求学生才是。老师不严格要求，学生就不会按照礼节行事，读书人对自我管理、自我修行的准则都一无所知，怎么能期望他们克制自己的欲望、恢复礼节呢？所以，治国就要从整治读书人的学风开始，而要端正读书人的学风，就要从遵循师道开始。

肃敬讲学，肃而有礼。己立立人，多士济济。

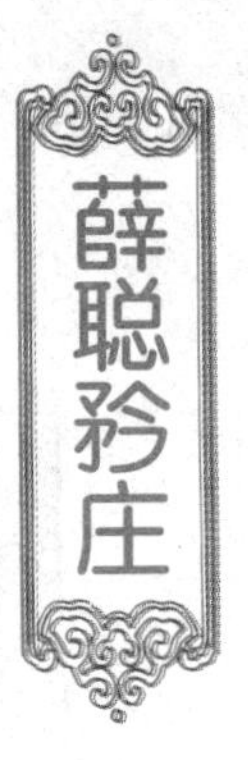

薛聪矜庄

◇ 原 文

北魏，薛聪方正有理识。虽在暗室，终日矜庄，见者莫不懔然。父忧庐墓，酸感行路。友于笃睦，而家教甚严。诸弟虽婚，恒不免杖罚。除徐州刺史，政存易简。卒于州，吏人留其所坐榻以存遗爱。

许止净曰：『薛聪事魏高祖，帝每曰：“朕见薛聪，不能不惮，何况他人？”欲进以名位，辄不受，帝曰：“卿天爵自高，非人爵所能崇也”，故人必自励于暗室，而后能化及于家国。』

◇ 白 话

南北朝时期，北魏有个叫薛聪的人，品行方正，做事既合情理又非常有见地。虽然他住在幽暗的房子里，但总能做到端正庄严，别人见了他都会肃然起敬。父亲去世后，薛聪就在父亲的墓前盖了一间茅屋守孝，路过的人总会被他悲痛的哭声感染下泪。薛聪对兄弟非常友爱，关系和睦融洽，但尽管如此，他对兄弟们的要求却是严格的。虽然兄弟们都结了婚、做了官，但做错了事，仍免不了被薛聪用棍棒一顿责罚。后来薛聪做了徐州刺史，他行政简易，关爱百姓，深受大家爱戴，死后朝廷赐封谥号“简懿侯”，当地百姓为了纪念他，还把他生前喜爱的坐榻保存了起来。

许止净说：“薛聪是魏高祖的臣子，当时高祖常说：‘我见到薛聪都不能不感到敬畏，更何况其他人呢？’高祖打算赐给他更高的爵位。他不肯接受。高祖就说：‘上天赐给你的天爵本来就很高了，不是我赐给的爵位能比的啊！’所以，人要能做到‘慎独’，才能使这种精神影响到更多的人。”

薛聪方正，暗室矜庄。友于诸弟，杖罚何妨。

彦光易俗

◇ **原 文**

隋，梁彦光为相州刺史。相州人情险诐，千变万端，光招致大儒，每乡立学，非圣哲之书不授，于是人皆刻励，风俗大变。有焦通事亲礼阙，为从弟所讼。光令观孔庙中图像，通悲愧若无容，因训而遣之，卒为善士。

彦光为岐州刺史，甚有惠政。迁相州刺史，尽力提倡礼教，卒至大变其俗，愈见善政不如善教之得民也。

◇ **白 话**

隋朝时候有个叫梁彦光的，在相州做刺史（刺史：隋朝只设州、县两级地方政权。州的长官称刺史）。相州这个地方的人阴险偏激、变化多端，彦光就设立学校，请了品行端正的学者专门讲授先贤圣人的事迹来推行教化。相州百姓学习后，当地的风气有了很大的变化。有个叫焦通的，不按照礼义去侍奉父母，被他堂弟告到衙门里，彦光就带着焦通去孔庙看韩伯俞被母亲责打的雕像，还告诉他："韩伯俞不嫌母亲打得痛，反而担心母亲过度用力，痛哭哀求母亲要保重自己的身体。"焦通看了，羞愧难当，无地自容，回家后就有所悔改，后来变成了一个品行优良、孝敬父母的人。

梁彦光刚刚做岐州刺史时就推行仁爱政策，到做了相州刺史时，更是下大力气提倡礼教，使当地恶劣民风很快有所改变，由此可见，好的教礼和温和的政策比机械的命令更能深入民心。

彦光立学，招致大儒。焦通礼阙，令其观图。

德言对经

◇ **原 文**

唐，萧德言明《左氏春秋》。太宗时，历著作郎、弘文馆学士。晚节学愈苦。每开经，辄祓濯，束带危坐。妻子谏曰：『老人何自苦？』曰：『对先圣之言，何复惮劳？』诏以经授晋王，封武阳县侯。

归有光曰：『夫儒家经书，本是修淑身心，一言而为天下法，一行而为百世师。经书所在，古圣贤嘉言懿行所在也，可不敬欤？』

◇ **白 话**

唐朝有个叫萧德言的，精通《左氏春秋》。唐太宗时期，先后做过著作郎（著作郎：官名，主管著作局，掌撰拟文字）和弘文馆学士。身为读书人，德言对经书非常敬重，每次打开书前，他总要先洗净手和脸，系好衣带，再端正地坐好才开始读书。晚年时候，他研究学问更加刻苦，妻子见他这样，就劝他说：“你都那么大岁数了，又不考取功名利禄，干吗还这么辛苦读书？”他答道：“你知道什么？书里有那么多先圣言论和美德，那都是指导我们生活的准则。我读它们，又怎么会感到苦辛呢？”后来，皇帝因为他的学识和德行，下诏让他去教晋王研读经书，并封他为武阳县侯。

明代的散文家归有光说：“儒家的经书本来就是为修身养性的。经书所在的地方，也就是古代圣贤美好德行所在的地方，要成为君子，又怎么能不敬重儒家经典呢？”

德言开经，辄先祓濯。
束带振襟，危坐苦学。

韩皋敬笏

◇原 文

唐，韩皋，休之孙，滉之子也。貌类父，既孤，不复视鉴。资质厚重，有大臣器，官至户部尚书。其家三世为大臣，传执一笏。皋以笏经祖父所执，未尝轻授仆人之手。归则躬置于卧内榻上，明日出，复自取之。

韩休拜黄门侍郎同平章事，韩滉仕至将相，皆事君尽礼。一门三代为大臣，皆止于敬。而皋且敬及其笏，未尝将祖父所存之手泽轻授于仆人，其礼也，亦即其忠也、孝也。於戏，不愧为韩休之孙矣！

◇白 话

唐朝有个叫韩皋的人，是著名宰相韩休的孙子。因为和父亲长得非常像，自从父亲去世后，韩皋再也没有照过镜子，免得怀念起父亲来悲伤过度。韩皋天资聪颖，且很有大臣的气度。他的祖父曾传下一块见皇帝时用的手板，因为是先人留下来的，且那东西代表着一种皇家礼仪，韩皋对它格外珍爱，从不轻易把它交给仆人，上朝回来一定要亲自把它放在卧室的床榻上，第二天出去时再拿上。

韩皋的祖父、父亲都官至将相，韩门三代可谓是朝廷重臣。他们侍奉皇上严格遵照君臣之礼，恭谨忠厚，很让人尊敬。韩皋敬重祖父传下来的面见皇帝时用的手板，这种做法既合乎礼仪，又合乎忠孝，不愧是著名宰相韩休的孙子啊！

韩皋敬慎，三世大臣。祖父遗笏，不授仆人。

崔棁命仆

◇原　文

后梁，崔棁举进士，仕至太子宾客。性至孝，接后生未尝无诲焉。群居公会，端坐寡言。尝云：『非止，致人爱憎，且或干人祖祢之讳。』指命仆役，亦用礼节，盛暑祁寒，不使冒犯。尝梦定命之限，故六十七请退，明年果终。

人每以为仆役之对于我，应有礼节也；我之对于仆役，无所用其礼节。不知礼为五常之一。常者，即须臾不可离也。无论对于何人，处于何地，皆须合礼，惟在用之得当耳。观崔棁之于仆役，可知矣。

◇白　话

五代时期，梁国有个叫崔棁的人，中了进士后，官做到太子宾客（太子宾客：太子官名，掌管调护、侍从、规谏方面）。他生性孝顺，接受后生请教时总是谦虚慈爱又旁征博引，滔滔不绝，但每逢众人聚在一起，他却总是端坐着，很少能听到他说上一句。别人问他是什么缘故，他答多讲话不但会引起厌恶，有时还会冒犯别人，所以不如少说。崔棁对待仆人平等和善，从没打骂过他们，要差遣时总是按礼节行事；炎炎夏日和数九寒冬，他总记挂着仆人，不让他们受到风寒或酷暑烈日。有一回，崔棁做了个梦，梦到掌管生命的神灵对他说："你的死期到了，但因你心地善良，阎王不忍这么早就把你带走，所以又赐予你多些时日，但你寿终正寝的年限是六十八岁，好好过你的余生吧。"崔棁六十七岁告老还乡后，第二年真的就去世了。

在一般人看来，只有仆人对主人讲求礼节的，很少人会懂得做主人的也应按礼仪去对待仆人。都说“礼节是‘五常’之一”（五常：古代社会推行的自我修养的五种常态，即仁、义、礼、智、信），“常”，还指一时都不可离开之意，即不论在什么时间、什么地点、对待的是什么人，都应按照礼仪去做。如果要看遵循礼仪做得恰当与否，看看五代时期的崔棁就知道了。

崔棁端庄，言不多说。役使仆童，亦用礼节。

◇ **原 文**

宋，杨时潜心经史。第进，调官不赴，以师礼见程颢于颍昌，相得甚欢。及归，颢目送之曰：『吾道南矣。』颢卒，又从程颐于洛。年已四十，事颐愈恭。一日，颐偶瞑坐，时与游酢侍立不去。颐既觉，门外雪深一尺。

二程为当代名儒，杨时舍官师事之，知所择矣。其后历知浏阳、余杭、萧山三县，皆有惠政。最可佩者，侍立师旁，雪深一尺而不去，盖其得力于二程之礼教多矣。

◇ **白 话**

宋代有个叫杨时的，潜心研究经史，学问做得极好。后来中了进士，朝廷调他去做官，他却不肯，而是到颍昌这个地方拜大学问家程颢（颢，音hào）为师，跟他学习道德学问。他们师生关系非常融洽，都有一种相见恨晚的感觉。杨时学成要离开了，程颢目送他远去的背影，自言自语说：“从此我们的大道理就要靠他传到远方去了！”杨时喜爱学习，从不自满。程颢去世后，他觉得自己还有许多需要学习的地方，就又到洛阳跟随程颐学习了。那个时候他已四十多岁了，可对待老师仍然恭恭敬敬。有一次，杨时和同学陪老师游园，老师困了，睡着了，杨时就在老师身边侍立着。醒来后，老师发现门外的雪都已下了一尺厚了，但杨时还在雪中站立着。

程颢、程颐都是当时著名的理学家，杨时舍弃做官而拜他们为师，实在是明智的选择。让我们更敬佩的是他对老师的敬重与爱戴，侍立在老师身边，雪下了一尺厚也不肯离去，实在是难能可贵啊！

宋有杨时，师事程颐。雪深一尺，侍立不移。

◇ 原 文

宋，朱熹庄重能言。闲居，未明而起，深衣幅巾方履，拜于家庙及先圣，退坐书室。几案必正，书籍器用必整。倦而休也，瞑目端坐；休而起也，整步徐行。其威仪容止之则，自少至老未尝须臾离也。

晦翁幼颖悟，父松指天以示，问曰：『天之上何物？』父异，授以《孝经》。封之，题其上曰：『不若是，非人也。』尝从群儿戏沙上，独端坐，以指画沙，视之八卦也。幼时已不凡，至观其平日行止，无时无地不合于礼也。

◇ 白 话

宋代大儒朱熹（熹，音xī），为人端庄稳重，敢于说公道话。平日居家时，他总是天还没亮就早早起床，穿好礼服到家庙和先贤的神位前去跪拜，行完礼，才到书房去早读。他书房的几案总是摆得端端正正，书籍和用品也放得整整齐齐，要是看书累了，就闭眼休息一会儿，可是仍坐得端端正正的。有时候他也会散散步，那步子也总是很齐整。从年少到老死，他的威仪举止准则从未改变过。

朱熹从小就聪颖知礼，与众不同。有一次他父亲指着天，问他天上是什么。他的回答让父亲非常惊异，父亲送给他一本《孝经》作为奖励。朱熹把书包上书套，在封面上写道：“不按书上说的那样做，就不够资格做人。”还有一次，他和小伙伴在沙滩上玩，他端坐着，在沙地上随意画起了图案，那图案看起来就像一个八卦的图形。大家都说这小孩真有些与众不同。朱熹坚持礼仪，且能做到始终如一。正因为这样，他成了著名的大儒。

晦翁庄重，敬慎威仪。
自少至老，须臾未离。

◇ **原文**

元，廉希宪礼贤下士。刘整以尊官往见，公不命坐；宋诸生褴褛袖诗请见，公延入坐，尽欢。既罢，人或问之，公曰：『国家大臣，语默进退，系天下轻重。刘整虽贵，曾有犯上之行；诸生斯文，我不加厚，则儒术由此衰矣。』

尊富贵轻贫贱，人之常情，而不知已失礼矣。然非谓尊贫贱而轻富贵也，亦惟视其贤不贤耳。亦非谓尊其贤而轻不贤也。盖不贤者须化之为贤，故嘉善而矜不能。若以不贤致富贵者，则卑之可也。

◇ **白　话**

元代的廉希宪礼敬贤士，对读书人很是礼遇。一次，有个叫刘整的大官到他家去拜见他，希宪并不请人家入座，脸上还露出冷淡的表情；但进来几个衣着破烂的读书人带着自己的诗作来拜见，他却不但请他们上座，还和他们谈起诗来，谈得很投机。读书人走后，有人问他为什么会出现两种截然相反的态度。希宪说：“做大臣的人，一言一行一进一退都关系着国家的轻重安危。刘整虽然显贵，但却曾冒犯过皇上；而那些读书人个个彬彬有礼，谦恭谨慎，更主要的还有一点，我优待他们，是为了弘扬、延续以后的读书风气呀。”

尊敬显达的人，轻视贫贱的人，看起来好像是人之常情，但实际上这是不合礼仪的。当然礼仪也并不是要我们只尊敬贫贱之人而轻视显达之人，礼仪的关键，是要看他是不是贤德之人。相同地，敬重贤德之人却轻视那些德行不够的人也是不对的，正确的做法应该是用礼教道义去感化那些尚不贤德的人，使他们变得有道有义，从这一点上说，我们应该大力赞扬那些有德行的人，尽力帮助那些尚不贤德的人。

元廉希宪，卓见超群。不厚尊贵，独礼斯文。

◇原　文

元，萧道寿母年八十，事养尽礼。每旦候母起，夫妇亲侍盥栉。日三饭，必侍母食然后食。至夕，必侍母寝然后寝。母或怒，欲罚之，道寿自进杖，伏地以受。杖足，母命起，乃起。起复再拜，谢违教。拱立左右，俟色喜乃退。

《论语》云：『生，事之以礼；死，葬之以礼，祭之以礼。』人子事亲，本当始终尽礼，须臾无违。乃道寿必自进杖，伏地以受，命起乃起，起复再拜，敬谢违教，拱立左右，色喜乃退，尽礼之至矣。

◇白　话

元朝有个叫萧道寿的人，他母亲有八十高龄了。萧道寿奉养母亲遵循礼节又周到体贴。每天早上，他和妻子天未亮就起来了，等母亲起床后，温情地问候完毕，就侍奉老人洗脸梳头；一日三餐，也总是等母亲吃过了他们才吃；到了晚上，一直伺候母亲睡下了，他们才肯睡去。有时母亲生气了，要责罚道寿，道寿就自己去拿来木棒，跪在地上接受母亲的责罚，母亲让他起来后，他才起来，向母亲认过错，拱手站在母亲身边，直到母亲完全消了气，他才敢退出去。

《论语》上说：“父母健在时，子女应按照礼仪去尽孝；父母死后，也应按礼仪去安葬、祭奠他们。”子女侍奉父母就应该从始至终都按照礼仪去做，一时一刻也不能违背和松弛。道寿对待母亲可以说处处都遵循礼仪了，极为恭敬孝顺。

道寿尽礼，以事其亲。
受杖谢教，文质彬彬。

姜后脱簪

◇ **原　文**

周宣王后姜氏，生有贤德，非礼不言，非礼不动。王尝晏起，后脱簪珥，待罪于永巷。使傅母通言于王曰：『妾不才，致王失礼而晏朝，敢请罪。』王曰：『寡人不德，非后之罪也。』复姜后而勤于政事，早朝晏退，修文武遗业，卒成中兴之名。

姜后恐宣王好色，循至穷欲招乱，故引过婉谏，致君于礼。刘向称其善于威仪而有德行，且引『威仪抑抑，德音秩秩』及《隰桑》等诗以美之。贤哉姜后，弗可及已。

◇ **白　话**

周宣王的皇后姜氏是齐侯的女儿，生性贤德，从来不说不合礼仪的话，不做不合礼仪的事。有一次，周宣王到皇后寝室过夜，早晨因为起晚了，错过了上朝时间，姜皇后就摘去簪子和耳环，自己跑到永巷等待皇上治她的罪。她派了个仆人去向皇上请罪，说因为她的不好，才使皇帝耽误政事，请求皇上治她的罪。皇上知道是自己的过失，心里非但没有怪罪她，还被她顾全大局的精神感动，从那以后，便更加勤勉地治理国家，早起晚睡，重修文王武王留下的基业，成了一位中兴明君。

姜后担心皇上沉迷女色而荒废国事，曾婉言向皇上进谏，使皇上保持了礼节。刘向曾引用“威仪抑抑，德音秩秩”和《隰桑》（隰，音xí）的诗句赞扬姜皇后的威仪及德行。姜皇后的贤德，没有人能比得上呀。

周室姜后，秩秩德音。
宣王晏起，待罪脱簪。

◇原 文

周，晋郤缺夫妇相敬如宾。一日，缺耨于冀野，其妻馌之，持食奉夫甚谨，缺亦敛容受之。大夫臼季过而见之，言于文公曰：『敬，德之聚也。能敬必有德，德以治民，君请用之。』文公举缺为下军大夫。及箕之战，缺获白狄子。襄公命为卿，复与之冀。

吕坤谓夫妇非疏远之人，田野非几席之地，馌饷非献酢之时，郤缺夫妇敬以相将，观者欣慕焉，则事事有容，在在不苟可知矣。古人有言『闺门之内，离不得一“礼”字』。夫妻反目，皆不以礼节之故也。

◇白 话

周朝时候，晋国有个叫郤（郤，音xì）缺的人，夫妇彼此尊重，相敬如宾。一天，郤缺在田里耕地，妻子把饭送到田边，双手捧着，非常恭敬递到他手里，郤缺也很恭敬有礼地接了过去。这时，大夫臼季正好从旁边经过，看到这一幕后大为感动，见了晋文公后就极力推荐郤缺做下军大夫。晋文公问起原因，他说：“郤缺非常尊敬别人，就连自己的妻子也不例外。尊敬别人，是有德行的集中体现，我们就应该任用这样的人。”后来发生的事证明臼季所说是非常对的：郤缺以德服人、有勇有谋，在箕这个地方带兵作战时，活捉了白狄国的国君，为国立下大功。于是，晋襄公封他做公卿，并把冀这个地方作为封地封给了他。

吕坤说：“夫妇之间天天见面，是最熟悉的人，而即使是日常的一日三餐，郤缺夫妇也能做到相敬如宾，按礼法行事，实在是让过往的行人也羡慕三分。古人曾经说‘闺门事，离不开一个礼’，凡是夫妻关系不和、反目成仇的，都是因为没有严格按照礼节行事的原因啊。”

晋郤缺妻，馌夫季野。相敬如宾，德之聚也。

◇ **原 文**

周，齐将杞梁名殖，战死于莒。其妻迎尸，哭之哀，而变国俗。庄公归，遇之于涂，使人吊焉。对曰：『如殖有罪，君何辱命焉？若无罪，则殖有先人之敝庐在，下妾不得与郊吊。』庄公乃还车，诣其室，成礼然后去。君子谓杞梁妻之知礼。

郊吊有辞，重节义之礼也。国俗为变，极哀痛之礼也。已不失礼，而犹能使君不失礼，卒致齐侯还车，亲诣其室，成礼而去。其维持礼教多矣，宜其移风易俗也。

◇ **白 话**

周朝时候，齐国的将军杞梁在莒（莒，音jǔ）这个地方战死了。妻子把他的尸首接回去，哭得异常哀凄感人，整个国家的人听了都为之感染落泪。过了几天，齐庄公外出，路上正好遇上殖妻发丧，就派人去吊唁。殖妻却对派来的人说：“假如杞殖有罪，那君王又何必屈尊来吊唁呢？假使杞殖没有罪，那杞殖还有一所父辈留下来的破房子，原谅我不能在郊野接受国君的安慰。”那人回去后如实禀报了庄公。庄公听了觉得非常有理，就调转车头，亲自到她家去庄重吊唁杞殖将军。

殖妻对齐庄公在郊野的吊唁有微词，是重视礼节的表现。她自己不仅做到不失礼节，而且还能说服君主，使君主也不失礼，实在是难能可贵，因此君子们都称赞她通达礼法。

（编者按：古代接受人的吊唁要在屋里进行才合礼仪，文中一开头齐庄公派人到野外去吊唁杞殖是不尊重死者的表现，所以殖妻才有那样的一番言辞。）

齐杞梁妻，云有敝庐。
不与郊吊，庄公还车。

◇ **原 文**

周，孟轲妻由氏，方暑而袒，孟子愠，不入。妇辞其姑仉氏曰：『妇人在私室，见夫不行客礼。今夫子以客礼责妾，是客妾也。妇道不客宿，请归父母。』孟母谓轲曰：『《礼》：‘将上堂，声必扬，所以戒人也；将入户，视必下，恐见人过也。’今子不察于礼而责人，不亦远乎？』轲谢，遂留妇。

孟子不悦，以礼也；其妻求去，亦以礼也。孟母以礼明之，是孟子以礼，而犹未尽合礼也。其妻似失礼，而实未为失礼也。孟母训子，礼教多端，此第举其一隅耳。

◇ **白 话**

孟子是周朝时期的鲁国人，从来都按照礼节行事。一个炎炎夏日，孟妻因为暑气难耐，就把两只袖子高高撸了起来，恰巧被孟子看到，孟子因此非常不高兴，觉得妻子袒露肉体有失礼节。妻子看到丈夫生气的样子，就向婆婆辞别说：“孟子责备我，对我异样地冷漠、客气，就像对待客人。按照妇道礼节，做客人是不能在别人家里过夜的，所以请你批准我回娘家去。”孟子的母亲了解了事情的来龙去脉后，就把儿子叫到面前，慈爱地说：“《礼记》里说快要走上堂时，声音一定要高些，要叫屋里的人听见；进门快要到门槛时，眼睛一定要向下看，以免撞见了人家的过失。你自己对礼节还没完全弄明白，又怎么能去责怪人家呢？”孟了恍然大悟，谢过母亲的指教后，主动留住了自己的妻子。

孟母通达事理，教子有方，由此可见一斑。

孟母仉氏，教子以礼。
为母为姑，深明大体。

宿瘤采桑

◇ **原 文**

周，齐，东郭采桑女，项有大瘤，故号曰『宿瘤』。湣王出游，车骑甚盛，百姓尽趋观，女采桑如故，目不一视。王召问之，应对有礼，悦其贤，命后车载之，女曰：『不受父母之教而随大王，是奔女也。』王大惭，称为圣女，以金百镒聘为后，用其言。而期月之间，威震邻国，诸侯朝之。

吕坤谓女子岂在色哉？一宿瘤也，恪遵父命，采桑不睨，且其识见高远，应对有礼。湣王用其言，齐国因以大治。彼尤物者，徒倾人城国耳。何以为哉？何以为哉？

◇ **白 话**

周朝时候，齐国的东城有个采桑女，脖子上长了个难看的大瘤，大家都叫她宿瘤女。一天，齐湣王出外游玩，声势浩大，全城轰动，百姓们都争着前去观看，但见只有这个宿瘤女不为所动，仍然心无旁骛地采她的桑，眼都不抬一下。齐湣王觉得奇怪，就把她叫来，问了一些问题。宿瘤女条理清楚，应对有礼。齐湣王看她如此贤德，心里喜欢，就叫后头的车子载她入宫做夫人去。宿瘤女却说："没有征得父母同意就跟大王您入宫，那不成私奔了吗？"齐湣王听了，非常惭愧，对她更是喜爱和敬佩了。后来，湣王终于用两千四百两黄金做聘礼，按礼节娶宿瘤女做了王后。婚后他虚心听取宿瘤女的意见，勤于政务，一年不到，齐国就变得国力强盛，威震八方了。

由此，吕坤感叹："女子的魅力谁说仅仅在于外貌呢？宿瘤女外貌虽丑，但见识高远、礼节通达，辅佐齐王，终于成就了一番大事业。这些，是那些徒有倾国倾城貌的女子们难以相比的啊！"

齐宿瘤女，东郭采桑。
不视车马，见重湣王。

◇ **原 文**

周，卫君卒，夫人无子，而傅妾子立。供养夫人甚谨，傅妾事夫人亦愈谨。夫人以无子，礼应斥绌，而反辱主君之母，深自内惭，愿出居外。傅妾以三不祥泣对，夫人终愿居外；傅妾欲自杀，其子泣而守之，夫人惧，遂许留焉。人称为卫宗二顺。

吕坤曰：『古妇人无子，五十出为女师。而卫夫人不敢以嫡自安，必有见哉！若傅妾不敢以小贵变节，守分终身，礼意周至，尤堪钦佩。』

◇ **白 话**

周朝时候，卫国国君死了。由于国君夫人没有儿子，就立了一个名叫傅妾的妃子之子做了国君。新国君对卫夫人非常恭谨，傅妾服侍卫夫人也比过去更恭敬。按照古代礼仪，国君夫人要是没有儿子，是要被罢黜到皇宫外去住的，而现在却是由新国君的母亲来服侍她，卫夫人觉得惭愧不安，就自愿请求到外边去住。傅妾哭着请求她留下，并苦口婆心述说种种搬出去不利的理由试图说服她，但夫人还是执意要走。傅妾见劝不起作用，情急之下竟然说要自杀。新国君担心母亲真的会有不测，天天流着泪守在母亲身边。卫夫人也担心傅妾真的会自杀，只好答应继续住在宫里。

吕坤曾评论说，古时女人如果没有儿子，五十岁后就要出外去做教育女子的老师。卫夫人要搬到宫外去住，是为了遵循礼仪。故事中的妃子傅妾也是个有礼之人，她并没因儿子做了国君就变得骄横跋扈，而是始终按礼行事且礼仪周到到让人敬佩的地步。因此，当时的人都称赞她们同气相求，是卫宗的“二顺”。

卫宗二顺，同气相求。
夫人惭让，傅妾泣留。

◇ 原 文

汉成帝婕妤班氏，校尉况之女，彪之姑也。帝游后庭，欲与同辇，班姬辞曰：『妾观古圣帝明王，皆有贤人正士侍其左右；惟衰世之君，乃有女嬖在侧。妾不敢恃爱以累圣明。』帝善其言而止。太后闻之，喜曰：『古有樊姬，今有班婕妤。』

吕坤谓同辇之宠，皆后妃嫔御所祷而求之也。班姬既辞而后谏，不贤而能之乎？

◇ 白 话

汉朝成帝有个妃子，叫班姬，是校尉班况的女儿。一天，汉成帝在后宫游玩，叫班姬与他同坐一辆车子。班姬彬彬有礼，婉言谢绝，说：“自古以来的圣主明君，都是贤良方正的人陪奉左右，只有国势衰败的国君才让宠爱的姬妾伴随左右，我不敢因为皇上的宠爱而妨害了皇上的圣明呀。”汉成帝觉得她讲的有道理，心里很惭愧。后来太后也听说了这件事，高兴地赞扬道：“古时候有个贤女叫樊姬，现在又出了个贤女班婕妤。”当时后宫有个妃子叫赵飞燕，她有个妹妹也在宫里，赵家姐妹很得皇帝的宠爱，不过她们怕班姬夺去了宠爱，经常在皇上面前说她的坏话。班姬从来都从容不迫为自己辩驳，心平气和却义正辞严。后来为了避妒，她自愿到太后那里做了一名侍女。

吕坤对此曾评论说：“与皇帝同坐一辆车子，是多少妃子梦寐以求的事啊！班婕妤不但拒绝，还大胆向皇帝进言使皇帝明白礼仪，实在是贤德之至啊！”

汉班婕妤，媲美樊姬。
帝欲同辇，执礼以辞。

◇ **原 文**

汉，杨元琮母刘氏，贞顺达礼。早寡，有四子，元琮其长也。常出饮酒，自御而归。刘氏不见十日。元琮因诸弟谢过，刘氏乃数之曰：『夫饮食有节，不至沉湎者，礼也。汝乃荒慢无礼，自为败首，何以帅诸弟乎？』

酒以成礼，亦易以败礼。冠昏丧祭，以酒成礼也；惟酒适量，不及乱。常出饮酒，已失礼矣；自御而归，失礼之甚。刘氏贞顺达礼，宜其十日不予见也。

◇ **白 话**

汉朝时候，有个叫杨元琮的，他母亲刘氏贞洁和顺，通达礼义。由于丈夫去世早，她就自己一个人含辛茹苦把四个儿子抚养成人。杨元琮这个人有个小毛病：喜欢到外面去喝酒，每次都喝得醉醺醺地然后自己赶着车子回来。刘氏对此很生气，十天也不见他。杨元琮知道自己错了，就领着三个弟弟到母亲面前认错。刘氏教导他说：“喝酒要有节制，不沉溺在酒里，那才是合乎礼法。现在你经常喝得烂醉，真是荒唐至极，没有礼体。你自己第一个破坏了礼法，将来怎么教导弟弟们呢？”

酒既可以成全礼节，也可以败坏礼节。婚丧嫁娶等重要仪式，是一定要喝酒的，只是饮酒要适量，不要喝到使人迷乱的地步。杨元琮喝酒无度，他的母亲十天不见并责怪他，也是合情合理的。

刘氏达礼，其子醉归。不见十日，痛责其非。

规妻礼宗

◇**原 文**

汉，皇甫规继妻，善属文，工草书。规卒，董卓慕其名，强聘焉。乃缞服跪卓门，以礼哀求，卓不听，遂起骂卓曰：『羌胡之种，敢行非礼于尔君夫人耶？』卓怒，以其头悬车轭，鞭扑交下。规妻谓杖者曰：『何不重乎？速尽为惠。』骂不绝口而死。后人图其像，号曰礼宗。

吕坤曰：『哀哉，皇甫妻也！有色、有文、有礼，而早丧其夫。义哉，皇甫妻也！强之以聘，威之以刑，而志不可夺。不爱死，不求死，不畏死，不得已而后死，其善用死者哉！』

◇**白 话**

汉朝有个叫皇甫规的人，他的后妻非常有才华，擅长做文章，又写得一手好草书。皇甫规死后，当时的大奸臣董卓听到皇甫夫人的名气后非常倾慕，就强硬地下了聘礼要娶她。皇甫夫人不愿嫁给他，就穿上了丧服，跪在董卓的门前苦苦哀求放过她，可董卓不听。见哀求无效，皇甫夫人站起来，擦掉眼泪痛骂道：“你这个蛮夷的坏坯种子，竟敢向你的君夫人非礼吗？”董卓听了大怒，把她的头吊在车上扼马颈的木头上狠狠鞭打，鞭子挥得密如雨点，让人眼花缭乱。但皇甫夫人却一声也不呻吟，并对打她的人说：“你们为什么不再打重一点啊？快些打死我更好了，我九泉之下也会感激你们的！”她对董卓骂不绝口，直到咽下最后一口气。后来人都非常敬佩皇甫夫人的德行，就给她画了像，并尊称她为“礼宗”。

吕坤评论说：“皇甫夫人外貌美丽，才华横溢，如此通达礼节却早早死了丈夫，实在让人怜惜！董卓强下聘礼，严刑拷打也不能改变她的志向，由此可见她是一个多么讲气节的女子！”

皇甫规妻，骂卓不从。速尽为惠，无愧礼宗。

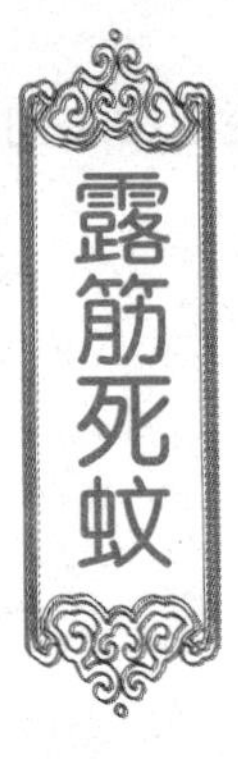

◇ **原 文**

唐，淮安女，年十八。兵乱，母被掠，女与嫂往求之。过高邮，其地蚊盛，夜若轰雷，非帐中不能避。有男子招入帐，嫂从之，女曰：『礼，男女别嫌。阿家为谁而可入耶？』独露宿草莽中，竟为蚊嘬而死，筋有露者。土人立祠祀之，世传为露筋庙。

吕坤谓姑嫂同行旦夕不离，即投民舍稍避须臾，谁得议之？贞女守礼，重于生死如此。

◇ **白 话**

唐朝时，有一年发生兵乱，到处都是逃难的人们。淮安有个十八岁的女子，兵荒马乱中，士兵把她母亲抓走了，她就跟嫂嫂一起去找母亲。途中路过高邮这个地方，哪想蚊子多极了，夜里，那蚊子的叫声轰隆隆地响着，就跟天上打雷一样，除了帐子里，再没有地方可以躲避。天晚了，到哪里住宿呢？姑嫂俩人正在不知所措之时，来了一个男子，叫她们到他家的帐子里去躲一躲。嫂嫂想都没想，就要跟着走去。淮安女子却说："按照礼法，男人和女人是应当避嫌的。也不知道那一家是什么人，怎么就可以随便跟着他去呢？"但嫂嫂受不了蚊子叮咬，还是去了那人家里，而淮安女却留了下来，独自一人睡在潮湿的草丛里和蚊虫战斗。第二天早晨，人们发现她竟活活被蚊虫咬死了，肉里的青筋条条暴露出来，死得非常惨烈。当地人被她的礼节道义深深感动了，造了一座庙来纪念她，后世就把这个庙叫做露筋庙。

吕坤说姑嫂二人形影不离，在那种恶劣条件下，即使是到那个男子家里去躲避一晚，谁又会议论什么呢？这个淮安女将礼节看得比生命还重要，真是个贞节的奇女子啊！

（编者按：古时十分看重男女有别，即使是母子或是父女在没有第三者的情况下，也不应待在同一室，更遑论与陌生异性独处！淮安女自尊自重值得学习，但过激行为在今天则不可取。）

唐淮安女，庙号露筋。别嫌宿草，不避多蚊。

程侯盛德

◇原文

宋，程珦妻侯氏，事舅姑孝谨，遇亲戚爱敬，与珦相待如宾。虽小事未尝专，必禀而后行。抚爱诸庶，不异己出。存视孤叔，常均己子。治家有法，不严而整，未尝鞭扑奴婢，惟诸子有过不掩，尝曰：『子之所以不肖者，由母蔽其过而父不知耳。』二子颢、颐均贵，封上谷郡君。

吕坤曰：『庶子从叔，妇人所厌恶者也，夫人视如己子。幼子，妇人所溺爱者也，夫人俨若严师。小臧获，妇人所责备者也，夫人不轻笞扑。慈而正，严而恩。二子皆为大儒，有自哉？』

◇白话

宋朝时候，程珦的妻子侯夫人服侍公婆孝顺谨慎，对待亲戚朋友友爱恭敬，和丈夫相敬如宾，是个难得的贤惠之人。侯夫人处理家事从不专断，即使是很小的事，也一定尊问过公公婆婆才去做的；对待庶出的子女情同亲生（庶出：即非亲生，由妾所生），关心仁爱；对待亲戚同情照顾，倾力相帮。家里曾有个表叔死了父亲，孤苦伶仃形单影只的，侯夫人就把他接了过来，吃、穿、用都和自己的儿子一个样。除此之外，侯夫人治理家务还很有法度，虽不严厉，但很公平。她对佣人非常仁厚，但要是儿子们犯了错，却从不替他们包庇遮掩。她曾说："儿子不上进，常常是因为母亲袒护、父亲没有教训好的缘故。"在这种家庭氛围里，侯夫人的两个儿子都通达礼仪，做了大官，成了宋代著名的理学家，他们，就是程颢和程颐。为了褒扬她，皇上赐封侯夫人为"上谷郡君"。

吕坤评论侯夫人用了八个字："慈爱端庄，

严厉仁厚。”他说：“庶子从叔，是一般妇人都厌恶的，但夫人视为己子；幼小的孩子，妇人一般都很溺爱，但夫人偏偏威若严师；别人犯了错误，妇人一般都挑剔责备，但夫人从不轻易指责鞭打。夫人一生都是慈而正，严而恩，两个儿子之所以能成为大儒，是和侯夫人的言传身教分不开的啊。”

程妻侯氏，禀命而行。治家整肃，教子成名。

◇ **原 文**

辽，耶律奴妻萧意辛，附马陶苏干女也。会娣姒争言魇魅以取夫宠，萧曰：『魇魅不如礼法。』众问若何，萧曰：『修己以谨，奉长以敬，事夫以柔，抚下以宽，此之谓礼法。有此四者，夫自不敢轻易。』众皆惭服。后其夫被诬当流，萧奏准俱行。在贬所亲执役事，事夫礼敬有加。

富贵家妇女，不知事夫之道，辄以心计手段，固宠取怜，风气日坏。至用厌魅，尤不堪言矣。萧氏礼法，诚属救时良箴。观其颠沛随贬，服劳致敬，未尝忘礼。卒见召还，非行礼之效乎？

◇ **白 话**

辽国耶律奴的妻子叫萧意辛。一天，萧意辛听到她的妯娌们在谈论如何用邪法来取得丈夫宠爱，就说：“用邪法不如用礼法好。”大家就问她怎样按礼法去做。萧意辛说：“所谓礼法，即自己的行为要谨慎，奉侍长辈要恭敬，对待丈夫要温顺，对小辈要宽容，如果这些都做到了，丈夫自然就很宠爱你了。”妯娌们听了，都觉得又惭愧又佩服。后来萧意辛的丈夫被诬告罚去充军，萧意辛就奏请皇上准许她跟丈夫一起去。在充军的地方，萧意辛一边做着繁重的劳役，一边服侍丈夫，并没因丈夫的充军而懈怠了礼仪，反而对丈夫更加照顾和敬重。皇上听说了他们的事后深受感动，下令释放了他们。

当时世风日下，豪门女子都不知道怎样侍奉丈夫，就采取各种手段甚至是邪门歪术来讨得丈夫的宠爱和欢心，这些做法跟萧意辛的道德礼法比起来，实在是可笑至极！客观地说，礼法，真的只有礼法，才能换来夫妻间的相互尊重和相亲相爱啊！

辽萧意辛，礼法是遵。
不言魇魅，修己安人。

◇ **原　文**

金，撒合辇妻独吉氏，自幼端谨，动遵礼法。元兵围城，辇发背疽不能军，氏曰：『君恩深厚，当力战而死。』辇力疾巡城。氏悉以资货给家人，曰：『我死则舁之榻上，覆以衾，举火焚之。』遂入室自经。辇归，恸哭曰：『夫人不辱我，我可辱朝廷乎？』乃焚尸。城陷，辇力战不支，投濠死。

吕坤谓独吉氏恐辱于兵，乃能从容就死，死犹覆面焚尸，不使暴露，其重礼如此。忠臣节妇，各蹈水火以成仁，则生于华夏礼义之邦者，当知所止矣。

◇ **白　话**

金国有个撒合辇，妻子叫独吉氏，从小就行为端庄谨慎，凡事都依礼法去执行。后来，元朝派兵围城，撒合辇因为背上生了脓疮，疼痛难忍无法作战。独吉氏就鼓励他说：“我们承受了皇上深厚的恩典，应当尽力保卫国家才是呀。”撒合辇受到鼓舞，带着病又步履蹒跚到城头去巡守。独吉氏便把家里的财产都清点清楚，交付给家人后就留言说：“我死后，把我的尸首放在榻上，盖上被子，放把火烧了。”说完话，就走进房间上吊死了。撒合辇回到家里，看见妻子已吊死，痛哭流涕地说：“夫人不负我，难道我可以辜负朝廷吗？”就按照妻子的遗言，把独吉氏的尸首火化了，悲愤交加来到城墙与元军决一死战。但由于势单力薄，最终被元军打败。无奈之下，撒合辇跳护城河英勇捐躯了。

吕坤赞扬独吉氏说：“她怕攻破城后被元军所辱，所以才从容赴死。即使是死，独吉氏也仍遵照礼节覆面焚尸，这对夫妇为了国家就义成仁，实在是可敬可佩啊。”

金独吉氏，不辱夫君。殉城遗嘱，覆尸火焚。

◇ 原　文

明，颜从仕母游氏，端庄诚恪，克勤克俭。督诸子学，无间昕夕。诸妇晨起，必整容问安否，稍懈，即以礼导之。诸子遇游氏垂询，必正襟以对，无敢或慢。同室数百指，平居不闻人声，里党则焉。

《易》曰：『家人有严君焉，父母之谓也。』逌言礼节，必父母俱严，内外齐肃。然后父子兄弟夫妇之间，各尽其道，而家道以正。游氏治家以礼，殆深明易理欤。

◇ 白　话

明朝时候，颜从仕的母亲游氏性情端庄，诚实恭敬，且勤谨节俭，持家很有方法。她亲自督促几个儿子读书，朝朝暮暮，从不间断。媳妇早上起来，必定要整理好容装再向她问安才行的，谁要是偷懒了一点，游氏就会用礼法教导她，直到羞愧认错为止。儿子们对母亲都非常尊敬，回答她问题时总是恭恭敬敬，不敢有丝毫的怠慢。虽然家里上上下下有一百多号人，可家里总是非常祥和安静。因此，乡里人都把游家当作治家教子的榜样。

《周易》上说的“家有严君”，其实指的就是父母双亲。父母只有对子女严格要求，处处都按礼节行事，家庭成员才能各尽其道，家庭才能和睦相亲。游氏用礼来治家，是深明周易中治家的道理的啊！

颜母游氏，教子成名。
全家守礼，肃静无声。

◇ **原 文**

晋，祖逖性豁荡，轻财好侠。每至田舍，辄称兄意，散谷帛以赒贫乏。京师乱，逖率亲党数百家，避难淮泗，以车马载老疾，躬自徒步，药物衣粮，与众共之。

祖逖义举，不胜枚举：劝督农桑，克己务施；收葬枯骨，为之祭醊。百姓感悦，尝置酒大会，耆老中坐流泣曰：『吾等老矣，更得父母，死将何恨？』卒时百姓如丧考妣。其得人心如此，盖由仁义行，非行仁义也。

◇ **白 话**

晋朝时候，有个叫祖逖（逖，音tì）的人，生性豁达，视钱财如粪土，为人特别讲义气。每次他到农民家里看到他们生活困苦，就非常同情怜悯，常假托别人的好意，把自己并不宽裕的粮食和布匹拿出来分给他们。后来京城发生了战乱，祖逖就带领亲戚和同乡几百户人到淮泗避难。在艰苦的逃难历程中，他处处为别人着想，把车子和马匹都让给那些年老多病的人，自己却徒步行走，他所带的药物和粮食也总是毫无保留地分给那些需要的人。正因为祖逖为大家做了这么多事情，那些人才能顺利渡过难关，大家都把他当作救命恩人，非常敬佩他的人品。

祖逖的侠义行为简直是不胜枚举：为了改善百姓生活，他带头种田植桑；看到荒郊野外枯骨无人安葬，他不仅埋葬他们，还祭奠一番。当地百姓为他的种种仁义之举深深感动，举行盛大的酒宴感谢他，有个九十多岁的老人在酒席上感动得流下热泪，他哽咽着说：“我已是个快入土的人了，没想到临死之前却得到了另一再生父母，就是死了，也没有什么好遗憾了啊！”祖逖死的时候，百姓悲痛至极，就像自己的父母去世了一般。祖逖如此深得民心，这些，都是他一直按照仁义行事的结果啊。

祖逖避乱，亲党共之。车载老疾，躬自奔驰。

◇ **原 文**

南宋，张进之家世富足。荒年散财，救赡乡里，遂以贫罄，全济者甚多。太守王味之当见收，逃避进之家，供奉经时，尽其诚力。味之堕水沉没，进之投水拯救，相与沉沦，久而得免。时劫掠充斥，到进之门，相约勿犯。

散财救荒，义也，因以贫罄，人所难矣；供奉难友，义也，经时尽诚，则又难矣；堕水救友，义也，投水拯救，相与沉沦，则难之又难矣。舍生取义，我于进之见之，而卒得免死，且以免劫掠之相犯，义声昭著矣。

◇ **白 话**

南北朝时候，宋国有个叫张进之的人，家庭殷实富足。有一年闹饥荒，张进之把自己的全部家财都分给那些受难的百姓了，由于毫无保留、全心全意救济百姓，从此张家家道中落，变得一贫如洗，可受他救济并因此活下来的人却不可胜数。当时有个叫王味之的太守，由于得罪朝廷权贵遭到追捕，避难到了张进之家里。张进之知道他是无罪的，就诚心诚意对待他，尽心周到又尽礼。一次，王味之不小心跌到水里，大喊救命，张进之听到了，奋不顾身跳到水里，可他水性不好，结果两个人都沉了下去，过了好一会儿，才被别人救上来。那个时候社会动乱不堪，强盗盛行，但强盗们都景仰张进之的仁义，从不到他家偷东西。

张进之散财救济百姓，收留遇难的朋友并舍命相救，实在是仁义之至，就连盗匪都敬佩他，不敢到他家偷东西，足可见他仁义的名声是流传得多么远了。

进之赈济，破产安贫。
投水救友，相与沉沦。

兰根归美

◇原　文

北魏，魏兰根博学高才。父丧庐墓，毁殆灭性。为岐州刺史，萧宝寅破宛川，俘美女十人，赏兰根，根曰：『此县界于强寇，故附从以救死。官军至，宜矜而抚之，奈何效贼为虐乎？』悉求其父母而归之。

好色，人之所欲也。况美女十人，皆出于赏乎？第美女皆由俘而来，人之父母失其女，孰不望其得归乎？兰根孝义性成，必亦念及于此，故矜而抚之，谅而归之，其阴德动天矣！

◇白　话

南北朝时期，北魏有个叫魏兰根的，学问渊博，才情极高，对父母非常孝顺。父亲死后，他在坟边搭了个茅棚，每日哀伤悲痛，伤心哭泣，整整守了三年孝。后来他做了岐州刺史，在任期间，有个叫萧宝寅的攻破了宛川，俘虏了一批漂亮女子，挑选出十个姿色出众的送给魏兰根，却被魏兰根拒绝了，他说：“以前这个县城强盗盘踞，百姓们在水深火热之中痛苦过日，现在终于盼得官兵进了城，怎么这些官兵也像那些强盗一样虐待百姓呢？”此后，兰根还组织人员找到那些女孩的父母，派了人把她们一一送了回去。

孔子说：“食色性也”，喜欢美丽容颜是人的本性，更何况那些美貌女子是别人白送的呢？兰根不但拒绝了，还亲自把女孩们送回家去，真是个仁义之人啊！

兰根受赏，美女十人。
归其父母，由义居仁。

公义变俗

◇ 原　文

辛公义，除岷州刺史。岷俗一人病疫，合家避之，孝义道绝，病者多死。公义欲变其俗，命凡有疾者，悉舆置厅事，迎医疗之。俟愈，召其家人亲族，谕之曰：『设若相染，吾殆矣。』众感泣，此风遂革，合境呼为慈母。

疫固有传染者，然弃之不顾，孝义道绝，则良心先死矣。何若尽看护之责，以死生听之天命，为心安理得也。

◇ 白　话

隋朝时候，有个叫辛公义的，在岷州做刺史。当地有个不好的风俗：只要有人生了疫病，不管会不会传染，全家的人都躲避开，没有人去看他一眼，一点都不讲孝义。因此，多数生了疫病的人都因缺乏照顾，最后自生自灭孤独死去。辛公义到任后决心改掉这个坏风气，就下了这样一个命令："凡是得了病的人，一律派人用轿子抬到衙门里，然后请医生精心医治。"等病人医好了，辛公义就叫他家人和亲族接回去，并意味深长地对他们说："假若这个病真会传染，那我早就死了，怎么还会站在这里跟你们说话呢？"那些人都很信服他的话，对他感激涕零，坏风俗也不攻自破，慢慢销声匿迹。因为他救活了很多人，全县的百姓都感激地叫他"辛慈母"。

疾病固然有传染的可能，但是把得病的亲人弃之不顾，不讲孝道，就是没有良心的做法。对病人我们应尽到看护照顾的责任，即使最终不能挽回生命，但至少良心会得到安宁。

慈母公义，欲变岷俗。舆病置厅，拊摩情笃。

元振济窆

◇ 原 文

唐，郭元振年十六，为太学生。适其家寄资钱四十万，有缞服者叩门云：『五世未葬，各在一方。今欲迁窆，乏于资财，求相济。』元振不问姓氏，悉与之，无少吝。及长为官，善抚御，夷夏畏慕。

元振，贤乎哉！虽缞服者五世未葬，各在一方同时迁窆，亦不需如此之多，且缞服者亦不冀其全助也，而竟如数与之，且不问其姓氏，尤为人所难能。

◇ 白 话

唐朝时候，有个叫郭元振的人。郭元振十六岁时在太学读书，一天，家里刚给他送来四十万钱做学费，就有一个穿着丧服的人跪在门口哭着请求救济，说他家里五代的灵柩都没安葬好，现在想迁到一起安葬，但没足够的钱。那人边说边哭，悲伤欲绝，惹人落泪。郭元振听了，问都没问他姓甚名谁，就毫无保留把家里刚刚送来的学费都给了那人，脸色平静，没有半点舍不得的神色。这个故事很快传遍了京城，赢得了很多人的赞誉。后来郭元振做了官，他体恤百姓疾苦，善于驾御下属，无论是本国人还是外国人，都敬畏景仰他。

其实，即使那个穿丧服的人真的需要安葬祖坟，也用不了四十万文那么多钱，并且他也没有希望冀元振一个人就把所有的费用都给够。而当时只有十六岁的郭元振，却能把自己所有的钱都给他，并且不问姓名，不图回报，实在难能可贵。

元振博济，褛者乞资。
不问姓氏，尽数与之。

◇ **原 文**

宋，查道幼画地为大第，曰：『此当分赡孤寡。』长赴举，贫不能上，亲族裒钱三万遗之。道过父友吕翁家，翁丧无以葬，将鬻女以襄事。道倾钱与之，且为其女择婿，别加资遣。又故人卒，贫甚，质女婢于人，道为赎之。

查道知虢州时，岁歉，出积廪米赈之，又设粥糜以救饥者，全活万余人。平居，禄赐所得辄散施亲戚。与人交，多周给。其博施济众之怀，胎于儿时，成人之美，全始全终。

◇ **白 话**

宋朝有个叫查道的人，还在幼年时就很有爱心。一次，他在地上画了一所漂亮的房子，并认真地对小伙伴说："这是画给那些收养孤儿和寡妇的好心人的，是他们，让那些孤苦的人在寒冷的冬天不受冻，在炎热的夏天有地方避暑。"成年后，他打算进京赶考，可家里很穷，支付不起这笔费用。亲戚和族里人敬重他的为人，自愿凑了三万文钱，送给他做路费。赶考途中，路过他父亲的朋友吕翁家时，正赶上吕翁去世，吕翁家里也很穷困，竟至人死了都无法安葬，万般无奈之下，吕妻打算把女儿卖了换了钱办丧事。查道见到这种情况，毫不犹豫就把身上的盘缠都送给了吕家，还替吕家的女儿选了一个不错的女婿，风风光光把她嫁了出去。后来，查道又有一个朋友死了，同样也因为家贫，无奈中只好把女儿卖给人家做丫环。查道知道后，二话没说就替他把女儿赎了回来。

查道后来做了官。在虢（虢，音guó）州任知州时（知州：即知府，又称“太守”，宋代时由中央机关的官到州里去做州官，称“权知某军州事”，简称知州），有一年闹饥荒，他开仓赈灾，还亲自煮了粥给灾民喝，使许多百姓在灾荒之年活了下来。平时他所得的俸禄也常用来救助那些贫困的亲戚朋友。他一生都乐善好施，急人所急，雪中送炭，实在是很难得。

查道童年，画地为第。资斧助丧，且为择婿。

仲淹义田

◇ **原 文**

宋，范仲淹平生好施与。择其亲而贫、疏而贤者，咸施之。方贵显时，置负郭常稔之田千亩，号曰义田，以养济群族之人。日有食，岁有衣，嫁娶丧葬皆有赡，择族之长而贤者主其计。

公少孤贫，以天下为己任，尝曰：『士当先天下之忧而忧，后天下之乐而乐。』所至有恩，民皆画像立生祠。

◇ **白 话**

宋代有个名臣，叫范仲淹，是历史上著名的文学家。他平生喜欢救济，不管是贫穷的亲戚，还是无亲无故但有德行的人，都给予热情的帮助。任职时，范仲淹曾在城郊买了一千亩好田，这些田的用处不是为了营利或家用，而是专门用来救济那些穷人，因此，这块田也被百姓们称为“义田”。范仲淹对穷苦人总是慷慨相助，不但保证他们的一日三餐，还给他们足够的衣服御寒；要是谁家有了红白喜事，他还会拿出钱来祝贺或贴补，并亲自选了族里一个年长贤良的人去管理这些事。

范仲淹一生乐善好施，事实上，他幼年时期本身也是个穷困的孤儿。不过生活虽然困窘，他从小就很有志气，年轻时候就曾说过流芳百世的名句：“先天下之忧而忧，后天下之乐而乐”，以天下为己任，立志为百姓创造幸福。由于他做官关心民众疾苦，凡到过的地方，百姓都为他铸像、建立祠堂，以示爱戴。

宋范仲淹，千亩义田。以济群族，衣食赖焉。

袁升还妾

◇ **原 文**

宋，袁升五旬无子，其妻具资，嘱往临安买妾。妾有忧色，问之，泣曰：『妾固赵知府女，父殁家贫，母鬻妾，为归葬计耳。』升即送还，不索聘财，复以橐中资赠之而归。妻迎，问妾安在，告以故，妻喜。明年，生子韶，后为显官。

升之义无论矣，而其妻之贤，亦莫及也。夫义妻贤，无怪翌年即得贵子也。

◇ **白 话**

宋朝有个叫袁升的人，五十岁了还没有儿子，他妻子也大度，准备好银钱让他到临安去买个小妾回来以续香火。袁升在临安买了一个女子，就要把她带回来时，见女子脸上愁云密布，十分忧愁的样子，袁升觉得蹊跷，就问女子何故。女子伤心痛哭，抽抽噎噎述说了事情的原委：原来，她是本州赵知府的千金，因为父亲死后无钱安葬，母亲万般无奈下只好把她卖掉换了钱好安葬父亲。袁升听了，非常同情她的遭遇，就把她送回家去了，不但没有讨回聘钱，还把自己口袋里所有的钱都送给了她们。袁升回到家。妻子已经站在门外等候多时了，见他孤零零一人回来，问他买的小妾在哪儿。袁升把事情讲了，妻子不但没有生气，还安慰他说：“你做了一件大善事，好人有好报，上天会眷顾我们，我们一定会有儿子的。”果然，第二年袁升的妻子就生了一个大胖儿子，取名叫袁韶，后来还做了大官。

撇开袁升的仁义不说，光是他妻子的大度贤

惠，也是很难得了。都说女人是醋坛子，一家容不得两妇，但看袁升的妻子，不但不吃醋，而且理解支持丈夫的仗义举动，这样贤惠的妻子，再加上这样仁义的丈夫，老年喜得贵子也是上天对他们的赏赐了！

袁升买妾，义而归之。不求聘礼，复赠余赀。

孝基还财

◇原　文

宋，张孝基娶同里富人女。富人只一子，不肖，斥逐之。富人死，悉以家财付孝基。后其子为丐。孝基见之，问曰：『汝能灌园乎？』曰：『能。』因使灌园，颇自力。复问曰：『能管库乎？』曰：『能。』更觉淳谨，孝基遂以其父财产悉归之。

富人因子不肖，以家财付孝基，但望其能治后事，保遗产，岁时致祭，足矣。孝基乃召其子，试以灌园，再试以管库，审其能承父业，悉以归之。后其子卒为善士。行义若此，此其所以得为嵩山之神也。

◇白　话

宋朝时候，有个人叫张孝基，娶了富家女为妻。岳父家只有一个儿子，但却是个废物，游手好闲不说，还常常惹是生非，是典型的不肖子。后来出了一些事，岳父一气之下就把他自己的儿子赶出了家门。岳父临死前，把全部家产都给了张孝基。再说那浪荡子，被赶出家门后四处流浪，又没什么谋生本事，最后做了一个叫化子行讨四方。一回，他乞讨时刚好遇到张孝基。张孝基见了他的落魄潦倒样，动了恻隐之心，问他会不会种地。浪荡子久经磨难，早已不是当年的花花公子了，也就老老实实回答：“可以的，可以的，再说真不会还可以学。”张孝基就带他去耕地。那浪荡儿也确实有心改过，每一件活都干得踏实细致。张孝基看在眼里，喜在心里。过了一段时日，又问他说：“你会不会管理库房？”浪荡儿郑重地回答：“我会做好的，我会做好的。”张孝基就又叫他去管理库房。从此，这个曾被赶出家门的富家子变得越来越敦厚老实，也越来越勤恳正直了。张孝基见他已完全改过自新了，就把岳父家原来的家产一分不留统统还给了他。

想当初，岳父因儿子不肖而把家产给了做姑爷的张孝基，只是希望他能保住一份财产，年年岁末能得后人一点祭奠而已，而张孝基见堕落之人有了悔改之心，却试图拯救，屡次扶植，最后还把家产如数还回，这实在是个难得的仁义之人啊，难怪后来能得道成仙，成为嵩山的山神。

宋张孝基，受岳家赀。屡试其子，悉以归之。

◇ 原 文

宋，文天祥，勤王兵败，为元所获。元主闻其贤，召见，问何所愿，对曰：『宋既亡，愿赐一死足矣。』临刑，颜色自若，其带中有赞云：『孔曰成仁，孟曰取义。惟其义尽，所以仁至。读圣贤书，所学何事？而今而后，庶几无愧。』

信国公忠孝兼全，惟义是尽。元主知终不可屈，而天祥视死如归，临刑从容谓吏卒曰：『吾事毕矣。』

◇ 白 话

宋朝末年，文天祥组织了一支义兵迎救宋朝皇帝，吃了败仗后不幸被元军俘虏。因为他在当时极富盛名，元朝的君主都很敬仰他，就单独召见，问他有什么愿望，可以帮他实现。文天祥大义凛然地说："既然宋朝已经灭亡，我没有什么好说的，只请您赐我一死吧。"元朝君主非常震惊，对他更是钦佩。后来君主屡次派人劝他投降，但都被文天祥拒绝，无奈之下最后只好把他杀了。临刑前，文天祥神色泰然，视死如归，他的凛然正气感染了在场的每一个人。行刑结束后，人们在他的衣带里发现了一首诗，诗里写道："孔子说的杀身成仁，孟子说的舍生取义，都强调了一个'义'。今天，我拿自己的鲜血去祭奠我效忠的朝廷，我可以像古书中所说那样'问心无愧'了。"

文天祥一生忠孝，追求仁义，不管发生什么、不管是谁，都不能改变他对仁义的追求和信念，这一点，就是敌方元朝的君主也被他深深感动。文天祥临死前，曾毫无畏惧地对行刑的士卒说：“能为国家而死，此生足矣。”他的视死如归、凛然正气，实在值得后人学习。

宋文天祥，涕泣勤王。惟义是尽，衣带名扬。

◇原 文

宋，刘濠为翰林掌书。宋亡，邑子林融倡义旅，事败，元遣使簿录其党，多连染。使道宿濠家，濠醉使者而焚其庐，籍悉毁。使者计无所出，乃为更其籍，连染者皆免。曾孙基，佐明太祖灭元，封诚意伯，人谓祖德所致。

刘濠欲毁党籍，不惜自焚其庐，用心良苦，而人皆阴受其惠，所谓大德不德也。其曾孙以祖德所延，大光门闾，卒以灭元。

◇白 话

宋朝时候，刘濠在翰林院做掌管书艺的官（翰林院：宋在内侍省下设翰林院，总管天文、书艺、图画、医官四局）。后来元灭了宋，刘濠有个叫林融的同乡组织了一支义兵，想恢复宋，但事情败露，元朝派人查清林融的同党，到处追捕那些人，许多人都受到牵连被打入大牢。一天，掌管肃清名单的官吏正好路过刘濠所属的那个县，寄宿在他家。刘濠很想救出那些被牵连的人，便设置酒席招待那差人，直到把他灌得酩酊大醉，趴在桌子上大睡不起。刘濠走出屋子，留恋地看了一眼自己住了多年的房子，一狠心拿起火把，把房子连同那本簿籍给烧了。差人从火里逃出后，怕朝廷追究责任，就假造了一本簿籍，受牵连的人才得以幸免。后来刘濠的曾孙帮助明太祖灭了元朝，并封了爵位，大家都说这是因为祖上积了德，他才能功成名就。

刘濠为了救那些被牵连的人忍痛烧掉自己的

房子，可谓用心良苦，也许就是因为他积下这些功德，上天才让他曾孙光耀门楣，最终灭掉元朝吧。

宋有刘濛，翰林掌书。欲毁党籍，自焚其庐。

◇原 文

元，张桓字彦成。汝宁盗起，袭获桓，罗拜请为帅，勿听。拥至渠魁前，桓趋据榻坐，与抗论逆顺。其徒捽桓起跪，桓詈叱厉声，且屡唾贼。贼不忍杀，谓曰：『汝但一揖，亦恕汝死。』桓曰：『吾岂肯听汝诱胁而折腰哉。』遂被杀。

顺逆之分，即义与不义之别也。贼欲得其一揖，而宁死不可，贼称张御史真铁汉，不亦宜乎。

◇白 话

元朝有个叫张桓的，家住汝宁。汝宁这个地方社会风气很不好，经常强盗出没世道混乱。一天，一班强盗敬仰张桓的仁义美名，就把他抓了来，想请他做大帅。众强盗把他团团围住，客客气气声声恳求着，但张桓说什么也不答应。强盗们把他簇拥到头头面前，张桓并不害怕，而是心平气和走上前，大大方方在榻子上坐下，声音洪亮地给强盗头子讲起顺逆的大道理来。强盗头子非常生气，手下人见势不妙，抓起张桓就是一顿打，还要他向头头跪拜谢罪。张桓挣扎着，高声叫骂着，屡次把口水唾到那群强盗面上。强盗们念及他的才华，不忍杀他，就对他说："只要你给头儿磕个头，就饶你个不死。"张桓呸了一下，鄙视地说："要我向道不正义不行的人下拜？休想！"强盗们恼羞成怒，最后还是把他拖出去残忍地杀了。

顺逆的分别，实际上就是义和不义的分别。

张桓刚直不阿，就是死也不给强盗作揖磕头，他的一身正气，难怪连十恶不赦的强盗见了，都佩服他的铮铮铁骨。

张桓被获，拥见渠魁。抗论逆顺，百折不回。

阿寄报主

◇原文

明，阿寄，徐氏仆也。徐氏析产，伯得一马，仲得一牛，季寡妇得阿寄，年五十六矣。寡妇泣曰：『马则乘，牛则耕，老仆何益？』寄曰：『主谓我不若牛马耶？』乃画策营生。历二十年，积资巨万，且为延师教子，婚嫁皆如礼焉。

许止净谓阿寄具绝大理财本领，而屈身厮养，主人辈视之牛马不若，倘非寡妇一泣，激其义勇自献，岂不将终其身，善刀而藏，老死于鸡栖豕栅间耶？是知古今来，埋没于庸耳俗目中者多矣。

◇白话

明代有个叫阿寄的，是一户徐姓人家的仆人。徐家兄弟分家，老大分到一匹马，老二分到一头牛，老三已经亡故，他媳妇分到了仆人阿寄。这时阿寄已五十六岁，是个老人了。老三媳妇一看分家结果，哇的一声就哭了，说："马可以骑，牛可以耕田，而我只分到一个年老的仆人，有什么用啊？以后靠什么生活啊？"阿寄听了有些生气，说："主人怎么说我不如牛马呢？"为了证明自己的能力，他便替主人出谋划策做生意，又辛辛苦苦帮着打理。二十年过去了，他把生意做得红红火火的，积蓄了上万两银子，还替主人请了私塾先生教孩子读书写字明道理。总之，家里一切事务他都中规中矩做着，没有过丝毫的失礼。

许止净说这个阿寄真是个理财高手啊，但他屈身做一普通家奴，一度还被人看得牛马不如，要不是老三寡妇无奈的哭泣激起了他的同情心，他的才华岂不就这样被埋没了？确实，古往今来有多少贤德之士就这样被埋没在俗世之中啊！

老仆阿寄，艰苦不辞。经商教子，婚嫁如仪。

◇原 文

周，义保臧氏，鲁孝公称之保母也。伯御作乱，弑懿公而自立。求公子称，将杀之。臧氏令己子衣称之衣，卧称之处。伯御以为称也，杀之，臧氏遂抱称以逃。鲁大夫知称之在臧氏，乃请周天子杀伯御，立称，是为孝公。鲁人义之，号曰义保。

传载臧氏抱称出，遇称舅于涂。舅问曰：『称死乎？』臧氏曰：『不死。』舅曰：『何以得免？』臧曰：『以吾子代之。』于是鲁大夫皆知称在臧氏所。吕坤曰：『臧氏贤乎哉！鲁不灭国，不绝嗣，臧氏之力也。鲁之卿大夫愧矣。』

◇白 话

周朝鲁国的臧氏是鲁孝公的保姆，此女子以义气救国，名垂千古。当时鲁国有个臣子叫伯御，杀了鲁懿公自立为君，还派人四处访求鲁公子的下落，要斩草除根。臧氏带着公子隐姓埋名，隐藏在乡野过活。她怕逆贼找到公子，就让自己的儿子穿上公子的衣服，睡在公子睡的帐子里。后来官兵果然找到了他们，就把臧氏的儿子当成公子残忍杀掉了。臧氏忍着失子之痛，抱着公子到处躲藏。后来鲁国大夫知道公子还活着，就在周天子的帮助下杀掉逆贼伯御，立了公子为新君，即后来的鲁孝公。这件事传开来后，鲁国整个国家的人都很敬重臧氏的义气，尊称她为“义保”。

传说臧氏抱着公子在逃难路上碰巧遇到了公子的舅公。舅公问她公子是否还活着，臧氏如实告诉了舅公，至此鲁国大夫才知道公子还活着，并说鲁国复国还有希望。对此，吕坤曾评论说：“鲁国之所以没有被灭国，都是臧氏的功劳。她用自己儿子的性命换来鲁国的光复，在关键时刻，是一个普通女子拯救了国家，鲁国那些士大夫们，确实应该感到惭愧才对。”

臧氏义保，护公子称。以儿代死，鲁国复兴。

◇ **原 文**

周，齐王孙贾，公族也。淖齿之乱，湣王出走，被弑。贾莫得其所，惘然而归。母曰：『汝朝出不归，吾倚门而望；暮出不返，吾倚闾而望。今汝事王，王出走而不知其处，汝尚何归？』贾乃出，集市人为兵，诛淖齿，求王子法章而立之。君子谓贾母义而能教。

吕坤曰：『世之爱子者，多欲保全其身；至见危授命，则深悲而固止之，岂知不义而生，不若成仁而死哉？贾母以求君望其子，宁失倚闾之望焉，贤哉母也，善用爱矣！』

◇ **白 话**

周朝时候，齐国有个叫王孙贾的人，和齐王同族。后来乱臣淖齿谋反，自立为君。齐湣王出逃，却在出逃路上被人杀死了。湣王出逃时王孙贾并没跟着去，对后来发生的事也一点不知情，因此到处焦急地打听齐湣王的下落，但每次都没有结果，每次都失望回家。一天，再一次打听无果后，王孙贾垂头丧气回来，刚好在大门口遇到盼他归来的母亲。母亲慈爱而威严地对他说：“你早晨出去寻找君王，我就倚着大门盼你回来；你晚上出去不回来，我就倚在里门等着你。孩儿啊，你是君王的臣子，君王出逃，你却不知君王在何处，实在是不应该啊！”王孙贾听了母亲的教诲后很惭愧，离开家集合了许多义士，组织军队杀了乱臣淖齿，又找到王子法章，立他做了齐国的新君。当时的仁人志士知道了这事后，都称赞王孙贾的母亲有礼有节有义气，教子有方深明道理。

对此，吕坤评论说：“大多数人喜爱自己的

孩子，就想尽办法让他远离危险；要是知道孩子接受了危险使命，一定会极力制止，这是他们不知道丧失义气苟且活着，还不如为了仁义死去更舒坦的道理。贾母为了国家，却让儿子在危难中为国挺身而出，实在是深明大义啊。”

贾母教子，出求湣王。辛诛淖齿，继立法章。

◇ **原 文**

秦，巴郡寡妇清，其先得丹穴，擅利数世。清寡居，能守其业，用财自卫，不见侵犯。始皇筑长城，巴蜀一郡，当役万人。清上书，尽出家财百余万，筑边城数百里。不费官钱，而民不离乡里，又得工资，争效其力。不数月，而城已完固。始皇嘉之，筑怀清台以旌其义。

汉卜式输财助边，君子非之，为其市名希宠，长人主黩武之心。若嫠清此举，有三善焉：官不费钱一善也；郡人免役，二善也；城工速竣，三善也。

◇ **白 话**

秦朝时候，巴这个地方有个叫清的寡妇。她的祖上有一座出产丹砂的山头，由他们家专营了好几代，家里因此积蓄了好些财富。清虽是寡妇，可头脑灵活，很会持家守业，谁也不敢欺负她。后来秦始皇修长城，光巴蜀一郡就有一万多人被征去服苦役，百姓怨声载道，但没有一个人敢出来阻止。惟有清，给秦始皇上了一封书，说她愿把全部财产拿出来资助建筑几百里边城，这样一来，官府不用出钱，百姓也不必离开家乡，还可得到丰厚的工钱，秦始皇高兴地采纳了她的建议。当地百姓因为有工钱可拿，也都争着去。不到几个月，那个地方的长城就修好了。秦始皇很高兴，为了嘉奖她的仁义，就为她修建了一座台，叫“怀清台”。

汉代也有个叫卜式的人，捐钱资助边疆战事，但他那纯属沽名钓誉之举，为君子不齿。而清捐资筑城却好处多多，不论是政府还是百姓都受益匪浅，因此深受人们好评。

娄清上书，捐资筑城。
始皇嘉义，筑台以旌。

◇ **原 文**

汉，珠崖令死，继妻有子九岁，前妻之女名初，十三岁，奉丧归。时珠禁甚严，继母有珠系臂，弃之。其子拾而置之母奁，母女皆未觉。至关，吏搜得珠，曰：『嘻！谁当坐罪？』女曰：『母已弃，初取藏，当坐初。』母曰：『我爱之，当坐我。』母女争死，相对泣下，吏钦其义，宁自坐，弃珠而遣之。

吕坤曰：『此天理人情之至也，可泣鬼神，可贯金石，可孚豚鱼，可化盗贼。初之年仅十三耳，而能若是，殆天植其性欤？而继母之贤，晚世所希。』

◇ **白 话**

汉朝时期，珠崖这个地方的县官死了，他的后妻带着九岁的儿子和前妻的女儿回到老家去。那女儿名字叫初，年纪十三岁。那时候，不知何原因，朝廷对珍珠有着非常严厉的禁令。初的后母非常喜爱系在手上的那串珍珠，但法令在前，也只能依依不舍地摘下扔了。小儿子见母亲喜欢，就趁母亲不注意又捡起来放回母亲的奁盒里。到了关口，检查的官吏发现了这串珠子，生气地喝令道："不知道朝廷的法令吗？竟敢私带珍珠出城，实在是胆大包天，为所欲为！你们几个，说！谁该伏法受罪啊？"女儿初毫不畏惧，非常镇定地走前一步说："我母亲已把珠子扔掉了，是我捡起来藏着的，受罚的应当是我。"初的后母一听，争辩着说："错了，因为我喜欢这串珍珠，舍不得扔掉才保留下来，要判就判我。"母女两人都争着抵罪，争得泪流满面，也不能说服另外一个。关口的官吏被她们的精神感动了，对她们的义气也钦佩不已，于是把珠子扔掉，网开一面放她们过去了。

吕坤感慨地说：“母女二人为了保护对方，宁可自己受罚伏罪，这种感情实在可以泣鬼神、开金石，是人间挚情！故事中的女儿只有十三岁，十三岁就能做出如此义举了，实在是罕见啊，罕见！而继母的贤惠仁爱，也是后世难得的。”

珠崖二义，吏搜得珠。母女争死，得以全躯。

◇ **原 文**

汉，许升妻吕荣，以升好博，涕泣进规，不听。荣父欲改嫁之，荣曰：『命之所遭，义无离贰。』升乃感激厉学，后被本州辟。行至寿春，为盗所害。刺史尹耀捕得盗，荣请于耀，手断盗头祭升。其后郡遭寇，荣为寇所得，谓曰：『从我则生，不从则死。』荣曰：『义不以身受辱。』寇怒，杀之。

吕氏可谓安于义命矣。涕泣规夫，不怨不尤，委婉辞父，无有贰心；夫死于盗，手断盗头以祭夫；及己身为寇所得，毅然就死，不怵于威。其诚其烈，非安于义命者能之乎？

◇ **白 话**

汉朝时候，有个叫许升的人，特别喜欢赌博，他妻子吕荣常流着眼泪规劝他改邪归正，可许升从来不听。吕荣的父亲觉得让女儿跟了这样的赌徒实在是没什么出头之日，就劝她改嫁算了，也好改变这种不幸人生，吕荣却对父亲说：“唉，这就是女儿的命啊！从仁义角度讲，我是无论如何也不应该改嫁的。”父亲见说服不了她，只好作罢。后来，许升知道了这事，很受触动，立志改过自新，并开始发愤读书，后来竟被州里的官府聘去任职。谁知就在去任的路上，却被强盗残忍杀死了。官兵抓到那些凶手，吕荣听说了，又悲又愤，千里迢迢走路到了府衙，向刺史请求允许亲手杀死强盗为夫报仇（刺史：原为巡察官名，东汉以后成为州郡最高军政长官，有时称为太守）。刺史为她的仁义所感，答应了她的请求。后来，吕荣住的地方也遭了强盗，强盗看她面容姣好，想劫她做压寨夫人，威逼着说：“你要是顺从我，保你吃喝不愁；要是不从，哼！死路一条，好日子立马到头！”吕荣毫无畏惧，从容淡定说道：“我不会让自己的清白之身遭到你们污辱的！”强盗见威逼不成，恼羞成怒，凶残地把她杀了。

这是个多么仁义的女子啊！吕荣她忠诚刚烈，真是安守仁义的典范！

（编者按：古时女子要从一而终才符合礼义和守妇道，这些在今天应辩证地看待才对。）

许妻吕荣，涕泣忠告。杀盗祭夫，被执不辱。

孙赵培城

◇ **原 文**

西魏，孙道温之妻赵氏，安平县人也。万俟丑奴反，围岐州。久之，援不至，赵氏谓城中妇女曰：『今州城将陷，凡我妇女，义当同忧。』闻者感其言，遂相率负土，昼夜培城，城赖以完。大统六年，赠道温岐州刺史，赠赵氏安平县君。

女子所忧，不过家庭中事。赵氏乃以城陷为忧，且使城中妇女同其忧，竟相率培城，城赖以完，义也，亦即其忠也。录之以愧须眉男子，甘为处堂燕雀，而不怀赵氏之忧者。

◇ **白 话**

南北朝时候，西魏有个叫孙道温的，妻子赵氏深明大义。当时有个叫万俟丑奴的谋反，把岐州围困起来，过了很久救兵也没有到，形势非常危急。赵氏便召集城里的妇女开会，并慷慨激昂地对她们说：“姐妹们，眼看岐州就要陷落了！我们和男人们同住在这个城里，应当和男人们一起，为保卫家园而奋斗！”全城女子听了，都大受鼓舞，立刻回到家里拿好工具，像男子一样去挑泥土修城，热火朝天，干劲十足。很快，岐州的城头就修好了，他们在战斗中取得了胜利。后来，西魏君主听说了这事，就升孙道温做了岐州刺史，并封赠赵氏为“安平县君”，以示褒奖。

通常，女子们担忧的只是家事，但赵氏不仅心里有小家，还为地方安危着想，并鼓励当地女子为保卫家园行动起来，实在是忠义之举。记下这个故事，是想让那些只图安逸、不关心国家安危的男子受到鼓舞，给他们树立学习的榜样。

孙妻赵氏，城陷为忧。相率妇女，同保岐州。

兰英啖土

◇ 原 文

唐，王兰英，独孤师仁乳母也。师仁父武都，不义王世充所为，欲自拔归唐，世充觉而杀之。师仁甫三岁，免死，禁锢。兰英请髡钳，得保养，许之。时丧乱，饿死者藉藉，乃游丐以食师仁，而已啖土饮水。后诈为采薪，窃负师仁归唐。高祖嘉其义，诏封永寿乡君。

◇ 白 话

唐朝有个叫王兰英的，是少数民族人独孤师仁的乳母。独孤师仁的父亲独孤武都曾在王世充手下效力，因为觉得王世充的所作所为不合理义，就想去投奔唐朝，不料却被王世充知道了，王世充一气之下就把独孤武都给杀了。那时独孤师仁只有三岁，因为年龄小，免遭了杀戮，但也被监禁起来。乳母王兰英向王世充请求，说自己哪怕是接受刑罚，也要抚养好武都的遗孤。王世充被她的一片赤诚所感，答应了她的请求。那时天下大乱，饿殍遍地，王兰英到处乞讨，用讨来的饭喂给师仁吃，而自己却吃野菜，喝河里的水。后来她终于寻到一个机会，假装砍柴，偷偷背着独孤师仁逃到了唐朝。唐高祖赞赏她的义气，就下诏封王兰英为“永寿乡君”。

王兰英照顾独孤师仁，可以说煞费苦心、尽心尽力。也正因为她的仁义之举，才延续了独孤家的香火，成全了武都的遗志，看来高祖加封她也是情理之中的事。

兰英护主，游丐何妨。啖土饮水，窃负归唐。

◇ **原 文**

唐，黄岳妻林氏，闽人。朱温篡唐，闽主王审知僭称王号，必欲起岳。岳自以唐遗士，不受辟命。郡县逼之，岳度不能拒，遂投于渊而死。林氏曰：『君能为义士，妾独不能为义士妻耶？』遂相随同没。邦人哀之，相与立祠祀焉。

夫死义，妻亦死义，相随同没，置身清流中。彼唐室遗老，方且联翩入朝，称臣恐后，闻黄岳夫妻投水，其亦有动于中乎？

◇ **白 话**

唐朝末年，有个叫黄岳的人，学问渊博，尤精《周易》。那时后梁的朱温夺取了唐的天下，闽国的君主王审知道这事后，就自己称了王。他久闻黄岳的才华，就下令要黄岳来给他做官。黄岳认为自己是唐朝的读书人，不能接受伪朝廷的命令，更不能为伪朝廷效力，就拒绝了。但县衙的人三番五次威逼他。黄岳见没办法拒绝，为了保全自己的气节，就义无反顾跳了河。他妻子林氏深为丈夫的义举感动，说：“你能够做义士，难道我就不能做义士的妻子吗？”也跟着跳了下去。当地百姓对他们的死很哀痛惋惜，就集资修建了一座庙来纪念他们。

黄岳夫妻为了正义双双跳河而死，而唐朝的那些遗老，却争先恐后地很快易了主。他们听说了黄岳夫妻的事，都会感到万分羞愧吧？

黄妻林氏，夫为义士。拒辟投渊，相随同死。

◇ **原 文**

南唐大将王建封，初为闽帅章仔钧部将，后期当斩。章妻练夫人悯焉，给以资，令去。及南唐攻建州，将屠城。建封解甲徒步，往见练氏，谋保全其家属亲戚。练曰：『建民无罪，愿将军释之。若将军不释建民，妾愿先百姓死，誓不独生也。』建封义之，全城获免。

练氏誓不独生之语，激发天良，词气慷慨，出于至诚，使建封不得不从，全城民命，赖以保全，宜后裔之蕃昌也。

◇ **白 话**

南唐有个大将，叫王建封，起初在闽国元帅章仔钧的部下做将官。一次，执行任务时误了日期，按照军法应当斩首才对，但章仔钧的妻子练夫人同情他，不仅悄悄放了他，还给了路费叫他快去逃命。后来，王建封在南唐做了将军。一次，南唐派他去攻打建州，也就是闽国所在的地方。王建封一心挂念练夫人的安危，就脱掉铠甲，亲自到城里去拜见夫人，并告诉她不要怕，他会设法保护她及她家属的，哪知练夫人却一脸正义地说："将军的情我领了。只是建州全城百姓是无辜的，请将军饶了他们。要是将军不肯饶恕，我宁愿死在百姓前头，也不要独自活着。"王建封听了，非常佩服练夫人的义气，便答应决不再杀戮，全城百姓得以保全了性命。

练夫人为了全城百姓，宁可自己先死，慷慨激昂，感人至深，实在是难能可贵。

章练夫人，誓不独生。
建封义之，免屠全城。

妙聪井负

◇原 文

明张孟喆为保安右卫指挥，奉调赴操，北寇入掠。其妻李氏谓夫妹曰：『我命妇，汝亦宦门女，义不可辱。』相挈投井中。其婢妙聪随入，见二人均未死，以李有娠，恐水冷有所害，负之于背。寇退，孟喆弟仲喆归，救三人于井中，以索引出。李与妹均无恙，妙聪则死矣。

婢也贱，何以录？录贤也。论势分，则大夫士庶人妻不相齿；论道义，则沟壑饿莩，可与尧舜共一堂。妙聪随主投井，恐水冷伤娠，而护主周至，此何时乎？此何地乎？就义从容若是，讵可以婢贱之哉？

◇白 话

明朝有个叫张孟喆（喆，音zhé）的，是保安右卫的指挥官（保安：旧县名，在陕西西北部，相当于今天的志丹县。右卫：明初在京师和各要害地方设置卫所，屯驻军队。数府划为一个防区，设卫，大抵有五千六百人）。有一回，他奉命去操练，正赶上强盗来抢掠财物。情急之下，他妻子李氏只顾得上对张孟喆的妹妹说了一句："我是受过朝廷封诰的妇人（封诰：赐给封号），你也是官宦人家的女儿，我们是断断不可受辱的。"姑嫂两人就一齐跳入了井中。家里有个丫环叫妙聪，见主人都投井了，也跟在她们后面跳了下去。跳下去后，她发现她们都没死，李氏那时刚好有孕在身，怕井底水冷对她有害，妙聪就把李氏驮在自己背上，在冰冷的水里一直坚持着。等张孟喆的弟弟张仲喆从外边回来，从井中把她们救出，李氏和小姑都安然无恙，但妙聪却死了。从她死的姿势可以看出，直到死，她都紧紧地抓住井壁，牢牢地背着李氏。

妙聪虽是丫环，身份卑微，但她讲道义，精神可与尧舜同辉，又怎么可以因她是丫环而看轻她呢？

张婢妙聪，随入井中。恐伤主孕，背负以终。

王杨代夫

◇ **原 文**

明，王世昌妻杨氏，临漳人。世昌之兄，因坐事论死。世昌怜之，乃自请代兄受刑，法司已准之。杨氏闻之，乃告其父母，曰：『彼代兄死为义士，我顾不能为义妇耶？愿诉于上代夫之死。』遂入京陈情，法司感其义，遂两释之。

◇ **白 话**

明朝时候，有个叫王世昌的，他哥哥犯了法被判了死罪。王世昌从小就跟哥哥手足情深，因此很心疼哥哥，到法官那儿去恳求，说请允许自己替哥哥受刑。法官为他的兄弟真情感动，答应了他的请求。王世昌被押送到京城后，妻子钦佩之余，又悲又痛，心想难道一定要让家里的老人失去一个儿子吗？想了一会儿，她作出了一个大胆决定，就跟公公婆婆说：“世昌愿意替哥哥受刑，是个义士，难道我就不能做义妇吗？我愿替丈夫去死。”公公婆婆听了，泪流满面劝她不要去。杨氏主意已定，怎是两个老人可以劝得了的？她千里迢迢跑到京城，跪在法官面前苦苦哀求。法官钦佩他们夫妻的义气，觉得如此义士，世上罕见，就把王世昌和妻子都释放了。

王世昌替哥哥受刑，是仁义之举；他妻子又要替他受刑，更是难能可贵。夫妻两人都争相替别人去死，这样仁义的事，难怪法官被他们感动而释放了他们啊！

王妻杨氏，夫代兄刑。
愿代夫死，义感朝廷。

贵贞拒姻

◇**原　文**

明，曾天福童养妻胡贵贞，生时父母欲不举。曾母救之归，与天福同乳，将俟长而配焉。年十八，曾母卒。胡父欲夺以姻富家，贵贞不从。其兄乘天福他出，强曳之归，示以求聘者金帛。贵贞曰：『富而不义，何如贫？』兄曰：『汝甘贫死耶？』贵贞曰：『苟不失义，贫死何害？』遂自缢。

贵贞受曾母之救养，视若亲生，是其分为姑媳，恩同母子。岂可以贫而弃之？曾母卒，胡父欲谋另配，宜其不从。试观其对兄之语，义烈凛然，讵富贵之家所能梦见乎？

◇**白　话**

明朝时候，有个叫曾天福的，他有个童养妻叫胡贵贞。贵贞刚生下来时，父母因为家里穷就把她抛弃了。曾天福的母亲把她捡了回来，待她就像自己的亲生女儿一样。贵贞一天天长大，人也变得越来越漂亮，且非常仁义、识大体。曾母见她和曾天福很合得来，就预备等儿子长大让他们完婚。天有不测风云，在胡贵贞十八岁时，曾母去世了。胡贵贞的父亲见女儿出落得花容月貌，曾家又非常穷困，就想把她夺回去许给另外的有钱人家，没想胡贵贞坚决拒绝了。有一天，贵贞哥哥趁曾天福不在家，就把贵贞硬拉了回去，并把求聘人的金银绸缎给她看。胡贵贞不为所动，义正辞严地说："与其富贵有钱没义气，还不如穷苦受困的好。"哥哥反问说："你难道甘心一辈子穷死吗？"胡贵贞说："只要不失义气，不被人笑话忘恩负义，就是穷死，也没有什么大不了的！"贵贞哥哥很生气，把她看得严严实实，不准她出门半步，贵贞万般无奈，就在房间里上吊死了。

曾母对贵贞恩重如山，不仅给了她第二次生

命，还像对待亲生孩子一样对她关怀备至；曾天福和她青梅竹马，情深意切，她怎么可以因为贫苦就离开曾家呢？贵贞义正辞严地回绝父亲的另配，义烈凛然，非常人能比啊！

明胡贵贞，曾母童养。
父欲夺姻，甘死无两。

◇ **原 文**

明，冷逢泰妻叶氏，生一子，甫免怀而寡。自幼教以义方，稍不率，辄笞之。一日，子于外见缙绅盛车马过里门，心异之，急入告母，且呼其名。叶氏曰：『车马何足荣？以小子呼长者名，彼虽不闻，尔则已慢矣。』痛笞之。后其子卒为善士。

寡母抚孤，往往失之过慈，知有养不知有教，即教亦安有义方？如叶氏之事事谨严，自幼即教以义方，甚至偶呼缙绅之名，不惜为之痛笞。显微一致，孟母而后有几人哉？

◇ **白 话**

明朝时候，有个叫冷逢泰的人，他妻子叶氏生了一个儿子。儿子才三岁，冷逢泰就得暴病死了。叶氏虽守了寡，但从不溺爱孩子，对儿子非常严格，处处要求他按照礼义去做，稍稍不听，就严加管教。一天，儿子在外看见一位乡绅的车马路过里门，浩浩荡荡，觉得奇怪，就急忙跑回去告诉母亲，边跑还边喊那乡绅的名字。叶氏见他气喘吁吁的样子，一脸严肃地说："车马有什么光耀的呢？再说你是小孩，怎么可以随意大喊大人的名字呢？那个乡绅虽没听到，可你这样，多没礼貌啊。" 叶氏说完还拿了藤条打了他一顿，希望他记住以后别再做失礼之事。在叶氏严格教育下，冷逢泰的儿子长成了一个善良仁义的读书人。

寡母抚养自己的孩子，往往会过于仁慈，只知道抚养而不懂得该如何教育。即使知道教育，也往往不会按礼义去做。叶氏教育自己的孩子严厉有方，简直可以和孟母教子相媲美了。

冷妻叶氏，子见缙绅。呼名告母，痛笞其身。

◇ **原 文**

周，晋，公孙杵臼与程婴为赵朔客。屠岸贾杀朔，复索朔之遗孤。程婴欲保之，杵臼乃取他人儿匿山中，使婴谬首曰：『与我千金，吾告赵氏孤处。』贾诸将随婴攻杵臼，杵臼谬曰：『小人哉，程婴也！纵不能立孤，而忍卖之乎？』遂杀杵臼及孤儿。其赵氏真孤乃在程婴处也。

杵臼死后，程婴匿真孤山中十五年。韩厥言于景公，立赵氏后，是为赵武。遂攻屠岸贾，灭之。武既冠，婴曰：『昔下宫之难，我非不能死，欲存赵后。今宜下报宣孟杵臼。』遂自杀。武号泣，齐衰三年，奉祀不绝。

◇ **白 话**

周朝时候，晋国的公孙杵臼（杵臼，音chǔ jiù）和程婴都是当时贤人赵朔的门客（门客：门下客，食客）。后来奸臣屠岸贾陷害赵朔，满门抄斩了赵家。公孙杵臼和程婴冒着生命危险，把赵家仅存的一名孤儿赵武救了出来。屠岸贾没见到赵武的遗体，就下令全国搜寻赵朔遗孤。程婴和公孙杵臼想把孤儿保护下来，想了个办法，让公孙杵臼抱了别家的一个小孩冒充赵氏遗孤躲在山里，叫程婴去告发。程婴装成一个无耻之徒对屠岸贾说：“只要给我一千两金子，我就对你说出赵氏孤儿的下落。”屠岸贾答应了他的要求，派兵跟着程婴去抓公孙杵臼。公孙杵臼装出对程婴恨之入骨的样子，狠狠骂道：“程婴，你这卑鄙小人！就算你不愿抚养孤儿，也不能黑了心拿他去求得昧心钱啊！”屠岸贾得意地大笑，就地把公孙杵臼和“孤儿”杀了。而真正的赵氏孤儿在程婴的抚养下得以平安长大。

后来韩厥知道了这事，如实告诉了景公，景

公恢复了赵家的爵位和封地，并给赵武封了官位。赵武后来杀掉了屠岸贾，报了家仇。相传赵武举行加冠礼时（加冠礼：古代男子二十岁成年时举行的礼节），程婴无限感慨地说：“当初你父亲遇难时，很多人都跟着殉难了，我之所以活到今天，全是为了保全赵家血脉啊！现在你已成年，且家仇已报，我也该到九泉之下去见公孙杵臼了。”说完就拔剑自刎了。赵武哀痛万分，为他守孝三年，并且春秋祭祀，世代不绝。

公孙杵臼，保赵良图。使婴戮首，死义全孤。

◇ **原 文**

周，魏，段干木高尚不仕。文侯欲见之，造其门，干木逾垣而避。文侯过其间，必式，御者问曰：『干木，布衣也。君式其庐，不已甚乎？』文侯曰：『干木光乎德，寡人光乎地；干木富乎义，寡人富乎财，安敢不式？』尝高卧原上草庐中，秦人侵魏，闻其行谊，不入而解兵。

文侯式其间，秦兵避其境，皆钦其德义尔。

◇ **白 话**

周朝魏国的段干木品行高尚，不慕功名利禄，极有才华却不肯出来做官。一次，魏文侯去拜访他。魏文侯都走进门了，段干木却跳墙逃了出去。从那以后，魏文侯每次经过段干木门口，一定要行一个礼才继续前行。替魏文侯驾车的仆人不明白是怎么一回事，就问他说：“段干木只是平民百姓，而您是堂堂诸侯国君。您在他家门口行敬礼，恐怕不太妥吧？”魏文侯乐呵呵地说：“让段干木荣耀的是道德，让我荣耀的是土地。段干木富有的是义，而我富有的是财。这样两相比较，那我就真的不如他了，对比自己要强的人，怎么敢不礼敬呢？”又一回，段干木在高原的一个茅舍休息。那时适逢秦国军队来攻打魏国，秦军把军队驻扎在原上，后来听得段干木也在原上住着，就自动把军队撤走了。

段干木以道自重，以义自处，文侯的礼敬和秦兵的撤退，都是缘于深深钦佩他的德行啊。

干木富义，高卧草庐。
逾垣而避，文侯式闾。

◇原文

周，齐，王蠋屡谏湣王不听，退而耕于野。燕破齐，乐毅闻其贤，备礼请蠋，蠋谢不往。燕人曰：『不来，吾屠其邑。』蠋曰：『国破君亡，吾何以存？与其不义而生，不如死。』遂自经。齐士闻之曰：『蠋，布衣也。义不北面于燕，况在位食禄者乎？』乃求湣王子法章立之，毅封表其墓而去。

仲连义不帝秦而蹈海，秦军遂解赵围；王蠋义不就燕而自经，燕军难灭齐国。上好义，则民莫敢不服；民好义，敌国且服之矣。

◇白话

周朝齐国有个贤人叫王蠋（蠋，音zhú），他屡次给齐湣王进谏治国强兵策略，可齐湣王从不肯听，于是他退出官场，归隐了山林。后来燕国攻破齐国，燕国大将乐毅敬佩王蠋的贤良，准备了厚礼请他出山，王蠋却婉言谢绝了。当时的燕国人都很气愤，说：“我们堂堂大将去请还不肯出来，架子实在是太大了。要是他还不肯出来，我们就把那个地方的百姓给杀了。”王蠋听了，悲凉地说：“国破家亡，我还活着干什么呢？与其不义地活着，还不如死了好，也免得连累无辜。”于是就自己上吊死了。齐国做官的人听说了这事，都赞扬王蠋的高风亮节，同时深受鼓舞地说：“一个布衣都可以做到不事二主，何况我们这些吃朝廷俸禄的人呢？”他们找到湣王的儿子法章，把他立为新国君，重新夺回了齐国。而当乐毅将军知道王蠋已死，竟给他修好坟墓才离开齐国。

历史上仲连义誓不帝秦，秦军被他的义气所

感，所以退兵，赵国才得以保全；王蠋讲求道义，不事二主，自经而死，所以才鼓舞起齐国的士气，使齐国最终没有被燕国灭掉。君主如果讲求道义，那么百姓就会心服口服；如果全国百姓都讲求道义，那么敌国也不敢来攻打了啊。

王蠋耕野，义不就燕。自经以死，齐国保全。

魏谭请食

◇原 文

汉，魏谭少时逃乱，为饥寇所获。同被擒者数十人，皆索缚，以次当烹。贼见谭似谨厚，独令主爨，暮辄就缚。贼有夷长公者，特哀念谭，密解其缚，语曰：『汝曹皆应就食，急从此去。』对曰：『谭为诸君爨，恒得遗其余。余人皆如草莱，不如食我。』长公义之，相晓赦遣，并得俱免。

魏谭之于长公，无恩可言，殆以义激义乎？非也。谭未有意激之也，第以惟义所在，不忍独免耳。而饥寇且因此化矣。

◇白 话

汉朝有个叫魏谭的人，小时候闹灾荒逃难途中，被一群饥饿的强盗抓去了。一起被抓的还有几十个人，都被强盗用绳子捆着，要把他们一个个依次煮了吃掉。强盗看魏谭忠厚老实，就叫他白天烧火，到了晚上再把他捆起来。强盗里有一个叫夷长公的，特别怜悯魏谭。一天夜里，他偷偷给魏谭解开绳索，爱怜地对他说："你们将来都会被煮着吃了。孩子，你还是趁现在快点逃吧！"魏谭却说："我给大家烧火，还可以常常吃到你们吃剩的东西，而跟我一起捉来的都饿得像稻草，别吃他们了，还是吃了我吧。"夷长公听了，很受感动，也佩服他小小年纪就如此有义气，就把这事讲给别的强盗听。强盗们都很受感动，于是把那些捉来的人都放了。

魏谭对长公说那些话，并不是想用道义激他，只是想自己良心得到安宁罢了，没想到强盗却因此受到感化，那些被抓的人也因此得以幸免。可见道义是可以感化恶如强盗之人的。

魏谭被获，以次当烹。义不独免，得保群生。

廉范狱卒

◇原 文

汉，廉范受业于薛汉，为邓融功曹。融为州所举案，范知事谴难解，托病去，融恨之。范至洛阳，变姓名，为狱卒。融下狱，范侍左右，尽心勤劳。融怪其貌类范，曰：『卿何似我故功曹耶？』范呵之，曰：『君瞀乱耶？』融系出困病，范随养之。及死，竟不言。身自送丧致南阳，葬毕乃去。

范之于邓融，义矣。而其于薛汉，亦足述焉。汉坐楚王事诛，故人门生莫敢视，范收敛之。许止净谓其笃于师资之深于知己之感，故能上不负国，下不负民也。

◇白 话

汉朝时，有个叫廉范的人。他一开始在薛汉门下读书，后来在邓融门下做了功曹（功曹：相当于县令手下的总务长，主管人事，并参与州县政务）。后来邓融被州里告发，廉范知道这事很难解决，就推托有病离开了。邓融以为廉范是见自己有难就背信弃义，心里对他非常记恨。廉范到了洛阳后，改名换姓，努力争取做了牢狱里的一名小卒。等邓融下了监狱，正好属廉范看管，廉范便尽心尽力服侍他，周到体贴又勤恳。邓融不敢相信这个狱卒就是廉范，但相貌又非常像，一天他实在按捺不住了，就问他："这位官人怎么长得这么像我以前的一个部下呢？"廉范假装生气，不相认，呵斥道："你难道精神错乱了？"后来邓融终于出了狱，却已病得很厉害了。廉范就辞去职务，出来继续侍养、照顾他。直到邓融死，廉范也没对他说出自己的真实身份。他亲自护送邓融的灵柩到了南阳老家，安葬完毕后才离开。

且不说廉范对邓融仁至义尽，就是他为他老师薛汉做的事，也是可圈可点的。薛汉因为楚王事件受到牵连被杀，他的门生和朋友没有一个人去理他，只有廉范最后为他收敛骨骸。许止净称赞他对老师情同父母，对朋友亲如手足，所以才能上不辜负朝廷厚爱，下不辜负百姓爱戴。

功曹廉范，侍奉邓融。变为狱卒，养病送终。

臧洪死友

◇ **原文**

汉，臧洪为东郡守。曹操攻张超急，超曰：『唯臧洪当来救我。』众曰：『袁曹方睦，洪为袁所表用，必不败好以招祸。』超曰：『子源天下义士，终不背本。』洪果徒跣号泣，从绍请兵赴难，绍不从。超遂自杀。洪由是怨绍，不与通。绍举兵攻之，城陷执洪，欲服之，不屈，遂被杀。

当袁绍杀洪时，陈容谓绍曰：『将军为天下除暴，而先诛忠义，岂合天意乎？』绍惭，谓曰：『汝非臧洪俦，何言为？』容曰：『仁义岂有常？蹈之则君子，背之则小人。今日宁与臧洪同死，不与将军同生也。』遂亦被杀。

◇ **白话**

东汉末年，臧洪在东郡做太守（太守：又叫刺史，原为巡察官名，东汉以后成为州郡最高军政长官）。这时曹操攻打张超，形势非常危急。张超说："臧洪是我的好友，一定会来救我的。"他的手下却分析说："袁绍和曹操现在关系非常融洽，而臧洪是袁氏一手提拔起来的，我看他是铁定不会伤了那边情面来救我们了。"张超却斩钉截铁地说："臧洪重情义，绝不忘本，我相信他一定会来救我们的。"果然，臧洪得知曹操攻打张超的消息后，他赤脚快步跑到袁绍的军帐里，痛哭流涕，请求带兵营救张超。袁绍根本不听他的话，结果张超势单力薄孤军奋战，最终被曹军攻破，张超无奈之下自杀身亡。从此，臧洪怨恨上了袁绍，时间久了，还断绝了和他的一切来往。袁绍也觉得臧洪太孤傲绝情，派了兵立志要拔掉这颗眼中钉，结果臧洪吃了败仗，自身也被抓住了。袁绍叫他投降，说只要投降，就可免他一死。可臧洪哪里肯屈服呢，于是被袁绍杀死了。

当袁绍要杀臧洪时，他的部下陈容进言说：“将军为天下除暴，怎么可以先杀害忠良呢？”袁绍无言可对，就生气地说：“你又不是他的什么人，为什么要替他说话呢？”陈荣应对道：“仁义是五常之一，按它行事就是君子，背弃它就是小人。我宁愿和臧洪一起去死，也不愿和你这样不仁义的人一同活着。”（五常：这里指仁、义、礼、智、信）袁绍大怒，也把他杀掉了。

臧洪救友，跣泣请兵。被执不屈，重义轻生。

◇原 文

汉，王修为袁谭别驾。劝谭兄弟相睦，谭不从。及曹操杀谭，号其首于北门，令曰：『有敢哭者，灭三族。』修布冠衰服，哭于头下。左右拥修至，操曰：『汝不顾三族耶？』修曰：『生受恩命，死而不哭，非义士。吾受袁氏厚恩，若得收尸殡葬，虽全家受戮，亦无恨矣。』操叹其义而礼之。

王修之哭谭，出于至情。孔融以修为胶东令，融在北海。修闻北海有反者，星夜往视。融初谓左右曰：『能冒难而来者，唯王修耳。』言未卒而修至。其孝义有如此者。

◇白 话

东汉末年，有个叫王修的，在袁谭那儿任别驾（别驾：刺史巡视辖境时，乘驿车随行的人）。王修经常劝袁谭兄弟间要和睦，但是袁谭不肯听。后来，袁谭得罪了曹操，曹操对他恨之入骨，把他抓来杀了还不解气，又把他的头挂在北城门上示众，并下令说："要有敢来哭吊的，杀他三族。"王修并不惧怕那个命令，仍戴了布帽穿了麻衣在袁谭头下痛哭。曹操的手下把王修捉到曹操那儿，曹操问他："难道你不顾及三族人的性命吗？"王修正气凛然地说："人家活着时，我蒙受了他的恩义；人家死了，却不去哭吊他，这是义气之人做的事情吗？袁氏以前对我有厚恩，我要是能收了他的尸去安葬，就是一家老小都被杀，也没有什么好遗恨的。"曹操被他的义气感动了，不但没有杀他，最后还以礼相待。

王修冒着生命危险去哀悼袁谭的尸首，实在是人间至情所致！后来孔融任命他做胶东县令，而孔融在北海任职。北海有人谋反，孔融对手下人说："能够冒着危险来救我们的，恐怕只有王修这个人了。"话刚说完，王修就连夜赶到了。像王修这样讲义气的人，实在不多见啊。

王修高义，痛哭袁谭。
若得收葬，全戮亦甘。

张飞断桥

◇原 文

汉，张飞，涿郡人，少与关羽同事先主。羽年长，飞兄事之。曹操入荆州，先主奔江南，操追之。一日一夜，及于当阳之长阪，先主弃妻子而走，使飞将二十骑拒后。飞立长阪桥头，据水断桥，瞋目横矛曰：『身是张翼德也，可来决死。』敌无敢近者，先主以是得脱。

桓侯张飞雄壮威猛，魏谋臣程昱等咸称为万人敌。至其精忠大义，妇孺皆知。其破巴郡，获守将严颜，欲降之。颜曰：『我州但有断头将军，无降将军。』侯义而释之，且引为上客焉。

◇白 话

三国时候，蜀汉的张飞是涿郡人（涿郡：约相当于今天的河北涿州市）。他年少时就同关公一同侍奉先主刘备。关公年纪比张飞稍大一点，张飞就用兄弟礼节礼待他。一次，汉曹交战，曹操的军队攻到了荆州，无奈之下刘备只好逃到江南去，曹操派了精兵快马加鞭去追。追了一日一夜，眼看在当阳的长阪坡就要追上了。刘备抛下妻子儿女只身逃走，又叫张飞带领二十骑兵在后面抵抗追兵。张飞立在长阪桥头，一刀把桥砍断，手执长矛，怒目圆睁，威风凛凛，声如洪钟大喊道：“我就是你们的爷爷张翼德，哪个敢走上来给我送死？”曹兵都吓得面如土色，没有一个敢走上前去，因此刘备得以逃脱。后来张飞带兵攻破巴郡，抓住了守将严颜。严颜毫不畏惧，说：“宁可做个断头将军，也不会做败家降将。”张飞欣赏他的义气，不但放了他，还奉他为上宾。

桓侯张飞雄壮威猛，为世人所赞。他的精忠大义，妇孺皆知，是中国历史上一个广为人们称颂的大英雄。

桓侯护主，瞋目横矛。义声昭著，长阪桥头。

温峤求粮

◇ 原 文

晋，温峤与陶侃共起兵讨苏峻。求粮于侃，侃不与，峤曰：『师克在和，古之善教也。峤与公俱受国恩，若济，则主臣同祚；如不捷，当灰身以谢先帝。今事势又无旋踵，譬如骑虎，安可下哉？公若沮众败事，义旗将回指于公矣。』侃悟，分米饷峤。遂水陆并进，斩苏峻于白石。

温太真聪明有识，博学能文，丰仪秀整。陶侃虽为盟主，规略一出于峤。然既受使命，殆亦忠义之气激之使然尔。

◇ 白 话

晋朝时候，温峤和陶侃都是当朝大臣，有个叫苏峻的谋反，他们就计划水陆并进一同起兵去讨伐。战斗中，温峤军粮短缺，情急之下只好向陶侃去借，陶侃却不肯给。温峤晓之以理、动之以情开导他说：“古人说得好，军队之所以能打胜仗，首先就在于和气。我和你承蒙皇上恩典，才会有这样为国效力的机会。若是成功了，那我们君臣共享太平；若大事不成，那我们只有为国捐躯了。现在军情紧急，根本就没有回旋余地，你要是因为自己的小算盘导致战斗失败，我想我们的军队会转过来攻打你的。”陶侃听了这番言辞缜密的话后顿时觉悟，就把米粮分给了温峤的军队。两军水陆并进，最后战事顺利告捷，在白石这个地方把苏峻攻破杀死了。

温峤远见卓识，学问渊博，顾大局、识大体，陶侃虽和他是盟军，但却狭隘偏见、只见眼前利益、不知顾全大局，他最后能欣然答应借粮，实在是受温峤的忠义之气感染所致。

温峤讨贼，向侃求粮。
义旗所指，决胜疆场。

◇原 文

南唐，龚颖随主归宋。其叔为同朝卢绛所害，颖曰：『古之杀人以义者，令弗仇。今绛不义杀无辜，若不以为仇，非所以尽忠孝之义也。』乃袖铁简入朝。会绛陛见，颖遽前击之。太祖惊问故，颖以状对，上叹曰：『江南小国，有义士若是耶？』遂诛绛。世以忠义称之，号曰端公。

龚颖归宋后，被擢为御史大夫，廷击同朝卢绛。其言曰：『一为国家除害；二为叔父报仇。』且极言绛之狼子野心，不可畜于朝中。其义也，即其忠也，亦即其孝弟之道也，故虽自请待罪，而太祖释之耳。

◇白 话

南唐的龚颖跟随李后主投降了宋朝，后来被提升为御史大夫（御史大夫：秦以后设置御史大夫，职位仅次于丞相，主管弹劾、纠察官员过失诸事。西汉时，与丞相、太尉合称三公。丞相缺位时，往往由御史大夫递补。晋以后御史大夫不再负责文书工作）。他叔父被与他同朝的奸臣卢绛杀死了。龚颖感叹说：“古时的规矩：要是为义杀人，就不应该报仇。现在卢绛用不正当手段杀害了我叔叔，要是我不去报仇，那就是不忠不孝了！”于是他悄悄在袖里揣了一块铁简，时刻准备着为叔父报仇。有一天上朝，刚巧遇到卢绛，龚颖追上去就是一顿痛打。宋太祖见了非常惊讶，就把他们叫来问是什么原因。龚颖把事情的来龙去脉都告诉了皇上，并将卢绛的种种恶行和想篡权的狼子野心都一一告诉了皇上。皇上赞叹道：“小小一个江南，竟有这样的义士！”于是下令把卢绛抓了起来。当时的人都以忠义称呼龚颖，并另外给他取了一个尊号，叫“端公”。

龚颖为叔父报仇，为国家除害，是忠义之举。所以，后来虽然他请求皇上治罪，但皇上还是赦免了他。

端公龚颖，为叔报仇。廷击卢绛，直奏缘由。

苏轼还屋

◇ 原文

宋，苏轼自号『东坡居士』，尝居阳羡，以五百缗买一宅，将入居。偶夜行，闻老妇人哭极哀。公问妪何为哀伤如是，妪言旧居相传百年，一旦诀别，所以泣也。问其旧居所在，即已五百缗所买之屋也。乃取券焚之，不索其值而还其屋。遂归毗陵，不复买地。

世之卖屋者多矣。然非至必不得已之时，孰肯将其百年祖产，委之他人乎？苏公固尝闻其母读范滂传，而欲效滂之忠义也。

◇ 白话

宋朝大文学家苏轼住在阳羡时，曾花了五百千钱买了一座房子。就要搬进去住时，一个晚上，散步时他无意中听见周围有个老太婆在哭，哭声非常悲哀，惹人落泪。苏轼走出去问她为何事哭，老太婆擦擦眼泪，悲伤地说：“我们祖上传下一栋房子，至今已有一百年了。不想传到我手上，却被我卖了。住了这么多年的老房子，就像是自己的亲人一样熟悉和舍不得，说卖就卖了，说没就没了，再想到祖上的百年家业就这样败在我的手上，我心里难过啊！”苏轼问她老房子在什么地方，没想到老人说的那个房子就是他花五百千钱买的那一所。于是，苏轼毫不犹豫拿出房契，把房子还给了老人家，又当着老太婆的面把契纸烧了，也没向她提要回房钱的事。后来，苏轼回到毗陵，从此再也没有买过地。

世上卖房子的人很多很多，但不到万不得已，谁又会舍得把祖上传下来的房产卖给别人呢？苏轼一定听母亲讲过范滂的故事，所以学习他的仁义，把房子原封不动又还给了那个老妇人。

苏轼夜行，闻妪悲声。焚券还屋，义重缗轻。

文之不屈

◇原 文

宋，张文之通判濠州。金兵至，守孔福谋夜逸，文之曰：『果尔轻动，奈城何？』因提兵与敌持十余日。经二十余战，卒以无援被虏，执送燕山，欲授以官。义不屈，将囚之土窟，曰：『吾世受宋恩，岂忍负国。』虏重之，稍宽桎梏。后王忭申和议，见状还奏，上为叹惜，给其家，官其子。

食其禄，守其土，闻寇自逸而弃其民，则不义孰甚。文之有鉴于此，故明知事不可为，而提兵抗敌，义也；被虏不屈，义也；授官不受，亦义也。金虏重之，王忭奏，宋主叹美之，彼孔福辈，当愧死无地矣。

◇白 话

宋朝时候，张文之在濠州做通判（通判：州府中共同处理政务的官员，地位略次于州府长官，握有监察官吏的实权）。后来金兵入侵，濠州太守孔福连夜仓皇逃跑了。张文之非常气愤，说：“倘若都像他这样贪生怕死，还不如直接把城池放弃算了！”他带领士兵跟敌人苦战了十多天，经历二十多次浴血奋战，终因势单力薄而战败。金兵把张文之抓去，把他带到燕山，答应只要他肯投降就给他高官做。张文之不肯屈服，金兵就把他关在地穴里。地穴阴暗潮湿，还不时会跑出毒蛇和老鼠来，但就是在这样恶劣的环境下，张文之仍不屈服，他愤慨地说：“我家世世代代都蒙受宋朝皇帝的恩典，怎么能背弃国家呢？”金人听了，敬重他的义气，对他的态度好了很多。后来宋朝皇帝派王忭（忭，音biàn）到金国议和，王忭听说了张文之的事，回朝后就一一禀告给皇上，皇上听了也非常感动，厚待他的家人，并让他的儿子做了官。

享受国家俸禄，奉命守护边疆，这是职责，但不战而退，临战溃逃，实在是不忠不义，让人痛恨。张文之虽知势单力薄，仍奋起抗争，虽被敌抓捕，但不受利诱，视死如归，就连敌方官兵都佩服他的义气。孔福那些人听了这则故事，应该无地自容吧？

文之抗敌，孤守兼旬。乏援被虏，义不屈身。

◇ **原文**

宋，蔡伸政和进士，历太学博士，迁通判真饶徐楚四州。在真州日，火延烧千余家，州民露处雪中，老幼号呼盈道。伸辟寺宇官廨分处之，且发常平廪以赈给，守者不可，伸曰：『此国家所以备非常也。如得咎，请独当之。』事闻，朝廷释不问，改知滁和等州。

天下亲民之官惟守令。故一邑有循吏，则一邑受泽，一郡有循吏，则一郡受泽。虽圣明在上，而距离较远，设当危急非常之际，见义而不行权，则民不得其所者多矣。

◇ **白话**

宋朝时候，有个叫蔡伸的，是政和年间的进士，先后做过真州、饶州等四处的通判。他在真州任职时，真州发生了火灾，大火烧掉了一千间房子，正值冬季，百姓们无家可归，只得露宿在雪地里，没吃的，没用的，生活就像荒地的枯苗那样凄惨伤悲。蔡伸下令开放庵庙寺院和衙门的房子给灾民住，并且计划发放官仓的粮食给他们。但管理仓库的人不肯，说什么皇上有旨，不得随意开仓救济，蔡伸跟他说："官仓的粮食本来就是国家预备在重大事故发生时使用的，现在正是当用的时候啊！要是朝廷怪罪下来，由我一个人担当好了。"管仓库的人见他说得诚恳，这才答应下来。至此，百姓才吃上了粮食。后来朝廷知道了这事，不但没有怪罪他，还赞他爱民如子，升了他的官职。

古代百官中，离百姓最亲近的就是太守和县令了。要是有一个仁德的太守、县令，一个郡的百姓就能过上好日子。虽然有圣明的君主居于庙堂之上，但他离百姓那么遥远，这就好比俗语中那句出名的“远亲不如近邻”啊。蔡伸在危急之中挺身而出，想百姓所想，急百姓所急，为他们解决实际困难，要不是他，还不知道会有多少百姓流离失所冻死街头呢。

蔡伸义赈，辟宇发仓。守者不可，得咎独当。

◇原文

宋，喻南疆少负气节。从陈亮游时，当路欲排善类，指亮为叛首。门人噤不敢言，南疆义责同门，谓：『吾师无辜蒙罪。吾曹为弟子，当怒发冲冠。乃影响昧昧，是为人类乎？』亟走见叶适，适曰：『子真义也！』即秉烛作数字。南疆持之去，伸讼诸公卿间，亮冤遂白。

云敞之于吴章，郑弘之于焦贶，廉范之于薛汉，汉代之尊师重义者多矣。然皆于师死后，门人不敢葬，而独冒死葬之。乃喻南疆之于陈亮，竟义责同门，怒发冲冠。救师于生前，尤足为事师者法。

◇白话

宋朝有个叫喻南疆的，从小就很有气节，曾跟随著名学者陈亮游学。当朝皇帝听信谗言、昏庸无能，满廷都是奸邪小人得势，排斥贤良，暗无天日。陈亮德才兼备，是个贤人，因此他们对他很是嫉恨，寻了个理由，诬陷陈亮谋逆造反，就把他关押到了大牢里。陈亮的许多门人（门人：即徒弟）都明白这是一件什么事，都惧怕异常，虽知老师被冤，但谁也不敢出来说一句。只有喻南疆看到这个情况很气愤，他义愤填膺地站出来说："我们先生无故被人判了罪，我们这些做学生的，难道就这样袖手旁观、悄无声息？我们应当站出来，怒气冲天大义凛然去为正义挺身而出才对！现在大家是糊涂了吗？一声不响、息事宁人，这样的窝囊行经，也配做人吗？"同门们听了，一个个都非常羞愧。喻南疆又立刻去找另一贤人叶适，向他请教营救的办法。叶适弄清事情的来龙去脉后，赞叹着说："你真是个讲义气的人啊！”当即给他写了一个营救策略，喻南疆拿去，在同门的陪同下依计到朝廷为老师辩白，陈亮的冤情才得以昭雪。

汉代历史上尊师重义的人也有很多，不过他们都是老师死后冒着危险去安葬遗骸，是处理老师死后的事情。喻南疆是在老师遇难时挺身而出，为之赴汤蹈火，直至把老师从虎口中救出——救师于生前，更值得我们学习啊。

南疆救亮，怒发冲冠。义责同学，不避艰难。

留台拾金

◇原 文

宋，刘留台家贫，在浴堂中拾一金袋，托疾不去。翌晨，有商人号泣寻至，刘悉付还，不受酬。人责之，答曰：『掩他人物以为己有，是欺心矣。况商人辛勤所积，失之必痛。苟或不得，必死于非命矣。』人皆服其义。后一举登第，官至留守。五十年间，子孙在仕途者，二十三人。

刘留台自少极贫，专事趋谒，乡人无不厌之。乃至贫不能自存之际，骤得八十五片之金，悉数还之。彼好取不义之财者，读此传能无愧也否耶？

◇白 话

宋朝时候，有个叫刘留台的人，家里非常贫困。一天，他在澡堂里拾到一只袋子，里面装满金子，他就推托不适要休息休息，坐在那里等待失主回来找寻。一直等到第二天早晨，才有个商人回来，寻寻觅觅的样子，急得直抹眼泪。刘留台走上去问清楚，确认那丢的东西是他的，就毫不犹豫把金子还给了他。商人非常感激，拿出一捧金子要酬谢，刘留台却说什么也不肯接受。别人问他："你怎么那么傻，那可是实实在在的金子啊！"刘留台却平静地回答："把别人的东西据为己有，是昧良心的做法。况且生意人辛辛苦苦、勤勤俭俭才积蓄下这些钱，一下子丢了，他能不悲痛吗？要是找不到，没准会寻短见啊！为了一袋金子而损失了一条人命，我可不干这样的傻事啊！"大家听了，都佩服他的为人和义气。后来，刘留台考取了进士，由于他的仁义，官做到了留守（留守：陪京或行都的行政长官）。他的子孙中，也有很多做了官的。

刘留台自幼家贫，他是靠乡民救济长大的，帮得多了，一些心胸狭隘的乡民难免厌烦他。就在他穷困潦倒自己都没法养活自己时，突然捡到一袋金子，却全部还给了人家，那些爱取不义之财的人读到这则故事，应该感到异常羞愧吧？

留台贫困，浴室拾金。见得思义，不肯欺心。

◇原文

宋徐道明，为天庆观道士。德祐初，元兵围城。道明晋谒郡守姚訔，请曰：『君侯计将安出？』訔曰：『死守而已。』道明亟还，告其徒曰：『姚公誓与城俱亡，吾属亦不失为义士。』城破，元兵屠城，道明危坐，焚香读老子书。兵使之下拜，不顾；以刀胁之，亦不为动，遂死焉。

守土之士，与城俱亡，义也；若方外之士，到处为家，似无庸死义矣。然其时元恶大渐，至一州则一州破，至一县则一县残，国之将亡者几希矣！与其不义而降元，孰若死义以殉国？

◇白话

宋朝末年，有个叫徐道明的，是天庆观里的道士。德祐初年，元兵包围了常州城。徐道明去求见太守姚訔（訔，音yín），并问道：“如今元兵围城，太守您有什么计划呢？”姚訔叹了口气，说：“死守吧！除此之外还有什么法子呢？”徐道明听了就回去对徒弟们说：“姚公发誓与城共存亡，我们也应做一个义士啊！”后来城被攻破，元军要屠杀城内百姓。徐道明知道后，不慌不忙、恭恭敬敬地烧了炷香，仍像平日一样诵读《老子》。元军来到他的住地，要他屈服下拜，徐道明就像没听见一样，仍悠然做着自己的事。元军拿刀威迫他，徐道明仍不理会。元军恼羞成怒，一气之下就把他给杀了。

太守与城共存亡，是为了仁义。徐道明是个道士，到处云游，敌军来了，是可以躲的。但当时元军攻城略地锐不可当，国之将亡，与其到最后屈辱投降，还不如遵守道义以命殉国，这大概就是徐道明的想法吧？

羽士道明，不拜元兵。
读书危坐，死义殉城。

世杰拒招

◇ 原 文

宋末，世杰奉帝昺驻崖山。元将张宏范袭之，杰力战，范无如之何。世杰有甥韩某在元军，弘范三使韩招之，世杰不从，曰：『降且富贵，义不可移耳。』崖山破，秀夫负帝投水死，杰以小舟奉杨太后脱去。后闻帝昺死，赴海死，世杰葬之海滨。

世杰之为宋室也至矣。后杰死而宋亡。

◇ 白 话

张世杰是宋朝名臣，宋末，他带兵驻守在崖山。元朝有个张将军带兵攻打崖山，张世杰机智地与他周旋，张将军拿他一点办法都没有。张世杰有个外甥，在元军里面当差。张将军得知了这层关系，就派那外甥去劝张世杰投降，前前后后去了三四次，可张世杰终究不答应。他说：“我知道投降以后可以大富大贵，但作为臣子，理应为君主分忧才是。我是个有道义的人，投降于我，是无论如何也不能的。”后来崖山被攻破，有个大臣背着皇帝投海死了，船上还有当朝的杨太后，张世杰用小船救了太后后逃了出去。后来太后得知皇帝已死，觉得自己活在世上也无指望了，就跳了海。张世杰又按礼仪把她葬在了海边。

张世杰对宋王室可以说是尽心竭力了。元军多次诱降并给出优厚条件，他不为所动，忠君爱国，有气有节。他一共辅佐了宋朝三代君主，可谓是鞠躬尽瘁，死而后已。他死后不久，宋朝就灭亡了。

宋张世杰，元将招之。三使三拒，义不可移。

敬益归田

◇ **原　文**

元，魏敬益好义博施，有田十六顷。一日，语其子曰：『吾买四庄村之田十顷。环村之民，不能自给，吾深悯焉，今将以田归其人，汝等谨守余田，可无馁也。』乃呼四庄民谕之曰：『吾买若等田，使若贫不聊生，吾不仁甚矣！请以田仍归若等。』众皆愕眙不敢受，强与之，乃受。

敬益凡男女失时者，出资嫁娶之；老弱之饥者，为糜以食之；甚至尽归所买之田，丞相贺太平叹曰：『世乃有斯人哉！』

◇ **白　话**

元朝有个叫魏敬益的，喜欢扶危救困，很讲义气。魏敬益家有良田一千六百亩，算得上是富足之家了。但他看到四周百姓生活还十分困苦，心里很过意不去，总想着怎么去帮帮他们。一天，他对儿子说：“我上次买了四庄村一千亩田，那些卖了田的百姓失了田就像丢了命根，纵然宽松一时，但以后就没什么吃的了。都说‘人不到穷时不卖田’，我看他们实在可怜，不如现在就把田还给他们吧！你们只要勤俭持家，不胡作非为，剩下那些地也足以养活你们了。”说完他就让儿子把四庄村的百姓叫了来，愧疚地对他们说：“我买了你们的田，致使你们耕无地，食无米，同样是人，同样生活在天底下，你们却过得这样，我看了于心不忍。现在我把田如数还给你们，请你们拿回去吧！”老百姓都不敢相信自己的耳朵，你看看我，我看看你，始终不相信前面的那一幕是真的。魏敬益又说了一遍，他们明白这是真的了，个个都含着眼泪感激不尽。

魏敬益平时也经常帮助村民，谁家儿女要是到了婚龄却因贫困没法结婚，他就主动拿出钱来给他们操办，做法和礼节就像对待自己的子女；谁家老人生了病或孩子没有饭吃，他像自己的亲人那样对待他们。难怪丞相贺太平由衷地赞叹道：“唉，如此博爱，当今世上再不能找出第二个这样的人了！”

元魏敬益，好义怜贫。买田十顷，复归庄民。

◇ **原　文**

周，齐，杞殖之母慷慨明大义。殖在齐以勇闻。齐侯将伐卫，为车五乘之宾，殖与华旋皆不得与焉。殖深以为耻，归家不食。母曰：『汝生而无义，死而无名，则虽与五乘，人孰不汝笑也？汝若生而有义，死而有名，则五乘之宾皆为汝之下矣。』趣之食而遣之。及战，殖与华旋先入卫军，齐师从之。乃取卫之朝歌。

殖之母明于义。其勉子以生而有义，死而有名为言，是即孟子所谓舍生取义也。夫义，路也。礼，门也。不出入此门，焉能由此路？则殖母明义且明礼焉。

◇ **白　话**

周朝时候，齐国有个勇士叫杞殖，他母亲深明大义，慷慨仁德。一次，齐侯带兵讨伐卫国，特别准备了五辆战车给才能出众的宾客乘坐，杞殖和另外一个叫华旋的却不在乘车的宾客名单里。杞殖觉得自己受了莫大的耻辱，回到家里垂头丧气，唉声叹气。母亲知道了事情的经过后，就循循善诱开导他说："你活着没做仁义事，死了也不会得到什么好声誉，就是让你坐在那五辆专车里，大家也会笑话你啊！但是你要活得有尊严，死得有价值，就是不坐那些专车，人们自然也不会忘记你的！"杞殖听了，恍然大悟，明白了许多道理。打仗时，杞殖和华旋表现得英勇无比，他们冲锋在前，齐国部队紧随其后，最终取得了战争的胜利。杞殖也因此立了大功，受到君王的赏誉。

杞殖的母亲深明大义，用义来教导自己的儿子，并鼓励儿子要为义而死，她所说的义，和孟子所倡导的"舍生取义"有异曲同工之妙。确实，义就像路，而礼就像门，你不出这个门，又怎么能走到门外的路上呢？杞殖的母亲不仅深明大义，而且还深明礼仪啊！

杞殖之母，遣子力行。生而有义，死而有名。

◇ **原 文**

周，齐攻鲁。至郊，见一妇人携一子，抱一子。众逐之。乃弃抱者，与携者奔。众追问之。曰：『携者兄之子，弃者己子也。不能两存，宁弃己子耳。』齐将曰：『兄子与己子孰亲？』曰：『己之子，私爱也。兄之子，公义也。子虽痛乎，独谓义何？』齐将按兵而止，曰：『鲁之妇人，尚知行义。其可伐乎？』遂返。己子亦全。鲁侯闻之，赐以束帛，号曰义姑姊。

李文耕谓义姑于流离颠沛中，势不两全，忍舍己子以存兄之子，笃志深情，处义直到尽处。是诚烈丈夫识义理者之所难，而一妇人办此。百世下犹钦服焉，况齐将目及者乎？号之曰义，洵无愧矣。

◇ **白 话**

周朝时候，齐国攻打鲁国。在路上，齐军看见鲁国一个妇人一手抱着一个孩子，一手还领着另一孩子急匆匆逃难去。齐军派人去追，眼看就要追上了，情急之下，妇人把手里抱着的孩子一丢，拉起领着的孩子以更快的速度向前逃跑，不过终究跑不过那些士兵，抓起来后，士兵问她为什么把更小的孩子扔掉，反而拉着更大的孩子逃跑。妇人答道：“大些的孩子是我哥哥的，扔掉的那个是我自己的。情况危急，如果两个同时带上一定会被抓住，所以只好把自己的孩子扔掉了。”齐国的士兵觉得奇怪，问她道：“哥哥的孩子和自己的孩子哪个更亲呢？”妇人毫不犹豫回答说：“当然是自己的孩子更亲。但扔掉哥哥的孩子，却带着自己的骨肉逃难，不仁义啊！”齐军听了，非常震惊，都说鲁国是个仁义之国，就连妇人的举动都如此，这样的国家，不该受到攻打才是啊！于是齐军停止战争，班师回朝了。后来鲁侯听说了这件事，也很受感动，赐给那妇人百匹丝绸，并赐封号“义姑姊”。

李文耕说：“义姑在万不得已时，宁可扔掉自己的骨肉来保全哥哥的孩子，实在是笃志情深。这些，就是深晓义理的大丈夫也很难做到。她的德行和义举，就是百年之后的今天人们还钦佩不已，鲁侯赐号以嘉奖她，确实是应该的！”

鲁义姑姊，遇军走山。弃子抱侄，齐兵遂还。

◇ **原 文**

汉，严延年为尹，甚酷。河南号为屠伯。其母至洛阳，欲就延年度腊。见报囚，大惊。止都亭，不入府。延年出谒，母乃数之曰：『幸备郡守，专治千里。不闻仁义教化以安民，顾多刑杀以立威，岂为民父母意哉？』延年服罪重谢，自为母御归府舍。毕腊，谓延年曰：『吾不忍见子被刑，归东海为汝埽除墓地耳。』遂去。后延年果弃市。

严妪生子五人，皆官二千石，故有万石严妪之美称。其以不闻仁义教化数语，责子于都亭。复以天道神明不可独杀等言，诀子于府舍，可谓仁至义尽。非第为万石之母，实不啻万民之父母矣。

◇ **白 话**

汉朝有个叫严延年的人，在河南做父母官。他对待百姓非常严酷，当地百姓给他起了一个绰号，叫屠伯。一年，屠伯的母亲来到洛阳，打算和儿子一起过年。在她经过洛阳的广场时，刚好看到衙役在清点要杀头的犯人，那些犯人密密麻麻排了好几排，黑压压一片，甚是吓人。老妇人一生仁慈，哪里曾见过那么多要杀头的人呢？心下非常吃惊，对儿子的行政方式非常生气，就在都亭里住了下来，怎么也不肯到儿子的衙门里去了。严延年亲自去请，母亲又难过又伤心，狠狠责备他说：“承蒙皇上恩典，你才有幸成为郡守（郡守：郡里最高的行政长官）。都说为官一方，人之父母，可我来后不见你用教化治理，使百姓安居，却只见你用酷罚严刑对待百姓，这哪里像做父母官的样子呢？”严延年听了，非常惭愧，连忙谢罪，并亲自为母亲驾车，把母亲接到衙门里，此后有所收敛，但始终没有完全改悔。过完年，母亲就一天也不愿在儿子家里呆了，回老家前，她对儿子意味深长地说：“我不忍心眼睁睁看着你犯法受刑，老母一想起这些心里就难受，与其受罪，不如不看落得个清净。我还是回去替你打扫坟地吧！你当好自为之！”后来不出严母所料，严延年落得个被弃市的下场。

严妪一共有五个儿子，每个儿子都做了官俸两千石以上的官，人们都称她万石严妪。她去儿子那里，见儿子用严酷刑罚来压迫百姓，就屡次责备教导，从某种程度上讲，她不仅是五个儿子的母亲，更是成千上万百姓的母亲啊！

严母就腊，数子都亭。仁义教化，岂可严刑。

◇ **原 文**

汉，盛道妻赵媛姜。益部乱，道聚众起兵。事败，夫妇并执系。媛姜中夜谓道曰：『法有常刑，必无生望。君可速逃。建立门户。妾自留狱，代君塞咎。』道犹豫未决。媛姜便解道桎梏，为赍粮货，以五岁子翔付道。携持而走。媛姜代道持夜不失，度道已远，乃以实告。即时见杀。后道父子会赦得归，感妻之义终身不娶。

从来处变之时，最足验人真情真义。媛姜于囹圄桎梏之间，兢兢焉告其夫，解其夫，代其夫，卒以保其夫兼保其子，且保盛氏之门户。设非舍生取义，曷克至此？夫亦终身不娶。非特妻义，其夫亦义矣。

◇ **白 话**

汉朝有个叫盛道的人，他妻子叫赵媛姜。当时益部发生了战乱，盛道组织了一些人起兵，结果事情没有成功，夫妻两人却被官兵抓到大牢去了。一天晚上，夜深人静之时，媛姜对丈夫说："按照法律，像你这样起兵的人是一定要杀头的。你还是趁现在官兵都睡了逃走吧！逃出去后，隐姓埋名，娶妻立户，照顾好父母，好好做人。我在监狱里把所有的罪责都承担下来就没事了。"盛道犹豫不决，不忍离去，媛姜就替他解开手上的刑具，又为他准备好盘缠和粮食，把儿子交到他手里。盛道流着眼泪离去。媛姜估计丈夫已经走远，官兵怎么也追不上了，才说出了真相自首。长官听了很生气，一气之下就下令把她杀了。盛道父子日夜兼程，终于逃回乡里，盛道感激妻子的仁义，终生没有再娶。

危难之中，最能检验人的真情。媛姜虽深陷囹圄，但不是为了丈夫和孩子，她又怎么会死呢？她丈夫因为媛姜的仁德终身不娶，也是个讲道义的人。

媛姜多义，中夜告夫。
携子还遁，甘代受诛。

平阳义师

◇ 原 文

唐，平阳公主，高祖女也，嫁柴绍。高祖起义，主居长安。绍曰：『尊公将以兵清京师，我欲往。不能偕，奈何？』主曰：『公行矣，我自为计。』绍行。主发家资招兵数百人以应父，谕降名贼何潘仁。申法誓众，禁剽夺。远近咸附，威震关中。高祖渡河，绍从南山来迎，主引精兵万人与秦王会渭北。绍及主对置幕府，分定京师。号娘子军。

一女子而大举义兵，统军七万，分定京师。娘子军之名，至今犹脍炙人口也。宜高祖即位，以功给赍不涯。卒谥以昭，葬加前后部羽葆鼓吹，大路麾幢，虎贲甲卒班剑。生死皆荣，亦曰惟义所在耳。

◇ 白 话

唐朝的平阳公主是唐高祖的女儿，后来嫁给了柴绍。当初，高祖起兵反隋时，公主居住在长安城。柴绍打算去助高祖一臂之力，就对公主说："你父亲带兵就要攻打京师了，我想过去帮忙，却不能带你一起去，你怎么办呢？"公主知礼地点点头，道："你去吧！我自己会有办法的。"柴绍走后，公主在家招兵买马，并降服了当时有名的强盗何潘仁，组成了一支强大的军队。公主制定了严明的军法，并对所有的士兵颁布法令，禁止他们抢夺百姓，因此深得民心，很多人慕名而来，军队名扬万里。后来，高祖带兵渡过了黄河，柴绍带兵从南山去迎接他，公主带领一万精兵和她弟弟秦王的军队在渭北会合。柴绍与公主在京师的两个方向分别设立营寨，分兵平定京师。公主的部队英勇善战，纪律严明，被世人称为"娘子军"。娘子军的称号至今都脍炙人口，广为流传。

平阳公主只是一个女子，却能带兵七万，兵

分几路平定京师，确实是有勇有谋、威震诸侯。高祖继位后，因为她功劳显赫给予重赏；死后，皇帝赐她封号为昭，并把她的丧礼办得极为奢华隆重。不管活着还是死后，平阳公主都显赫荣耀，那是因为她仁义勇敢的缘故。

平阳公主，大举义师。以应高祖，娘子名驰。

◇原 文

唐，郑义宗妻卢氏，略涉书史，事翁姑以孝闻。尝夜有盗数十劫其家，人皆窜匿，惟姑老不能去。卢氏冒刃立姑侧，为盗捶几死。盗去，家人问其何独不惧。对曰：『人所以异于禽兽者，以有仁义也。邻里有急，尚相赴救，况姑也？而可委弃乎？若万一危祸，岂宜独生？』姑感而叹曰：『‘岁寒然后知松柏后凋’，吾今乃见妇之心。』

郭夔熙谓《孟子七章》多言仁义，即人禽之辨，亦屡及之。学圣真际，实在于此。卢氏以一妇人，不过略涉书史，而能参透书旨以行其所知，斯难能矣！其姑亦引岁寒知松柏之言，是又善读《论语》者。

◇白 话

唐朝时候，有个叫郑义宗的人。他妻子卢氏略通诗书，侍奉公婆非常孝顺。一天夜里，他们家遭到强盗的抢劫。家里人都因惧怕躲了起来，婆婆由于年纪大，腿脚不便，没来得及逃走。卢氏见婆婆不能走，就冒着被杀的危险，在婆婆身边守护着。强盗把她痛打了一顿，差点没把她打死。强盗走后，家人看到她被打的惨相，都很心疼，问她为什么不逃走。卢氏忍着伤痛回答说：“人和禽兽的最大区别，就在于仁义。邻居有了危急姑且还要赶过去救助，更何况是自己的婆婆呢？怎么能一有困难就置之不理独自逃走？”婆婆听到了，非常感动，说：“古人所说‘岁寒，然后知松柏而后凋’，经过了这场灾难，我才真正懂得儿媳的心啊！”

郭夔熙说《孟子七章》大多都是讲仁义的，并屡次提到仁义是人与禽兽的区别。卢氏一个妇人，只是略读诗书，却能参透其中的精髓并施行，实在难能可贵。她婆婆能引用“岁寒知松柏”的话来赞扬儿媳的情操，可见也是读过《论语》知礼义之人。

卢氏冒刃，独立卫姑。以有仁义，不畏强徒。

◇ **原　文**

唐，李侃妻杨氏，知大义。侃为项城令，李希烈攻之。侃以兵少财乏欲逃，杨曰：『县不守，则地贼地也。府库仓廪皆其积，百姓皆其战士。请重赏募死士，尚可济。』侃乃谓吏民曰：『令虽主也，岁满则去。吏民生斯土也，坟墓在焉，宜相死守。』众泣诺。乃徇曰：『以瓦石击贼者赏千钱，以刀矢杀贼者赏万钱。』得数百人，竟保城退贼。

寇至当守，力不足则死焉。奉命守土，贼至而逃，谁守其土者？李侃不知而杨氏言之，卒使侃得率众乘城。杨氏复躬执爨以享众。至侃中矢归，犹曰：『君不在，人谁肯固守？死于城犹愈于床。』义声千古矣。

◇ **白　话**

唐朝有个叫李侃的，他妻子杨氏情操高尚，深明大义。李侃在做项城县令时，反贼李希烈带兵攻打项城。李侃觉得城里兵士很少，钱粮困乏，就打算弃城逃走。妻子杨氏不赞同他的想法，规劝他说："假如你把这座城放弃了，那么这里所有的一切李希烈不费吹灰之力就得到了！依我看，我们可以花重金募求勇士，或许还有胜利的希望。"李侃听了，觉得有理，就召集全城百姓动员道："现在我虽是一县之主，但任期一满，我就会离开的。大家祖祖辈辈都生活在这里，这里是你们的家，世世代代的栖息地，现在逆贼李希烈来攻打我们，大家要誓死守住这座城才对得起子孙啊！"百姓听了，都流着眼泪，发誓要和敌人决一死战守住城池。李侃看到这种情况，因势利导颁布了奖励措施："凡是用瓦片石头打伤敌人的，奖励一千钱；用刀箭杀死敌人的，奖励一万钱。"当地百姓同仇敌忾，奋力抗争，杨氏还亲自跑到战场上做饭犒劳他们。后来李侃中了箭从前线退了回来，妻子就鼓励他："首领都不在了，谁还会死守呢？为了保城而死，总比在床上休养好，你还是抓紧时间上战场吧！"李侃就带着伤又走上前线，最终打败敌军，保住了城池。

奉命守城，敌人来了即使力量不足，也应该死守才对。要是逃跑了，谁还来守卫城池呢？李侃不懂其中的道理，他妻子鼓励他带兵守城，同时也守住了自己的气节，杨氏实在是个深明大义的人！

李妻杨氏，昭著义声。责夫死守，竟保项城。

◇ **原　文**

周，卫，蘧瑗字伯玉，年五十知四十九年之非。灵公与夫人南子夜坐，闻车声辚辚，至阙而止，南子曰：『此蘧伯玉也。』公曰：『何以知之？』南子曰：『礼：‘下公门，式路马，所以广敬也，君子不以冥冥堕行。’伯玉，贤大夫也，敬以事上，此其人必不以暗昧废礼。』公使问之，果伯玉也。

夫忠臣孝子，不以昭昭伸节，不以冥冥堕行。盖其礼根于心，形诸外，悉出于至性至情，而非矫揉造作为之也。伯玉之不以暗昧废礼，且能见信于深宫，而南子之智，实能及之。

◇ **白　话**

周朝时候，卫国有个贤人叫蘧（蘧，音qú）瑗，他很有自知之明，经常静坐反省以前的过失。有天晚上，卫灵公坐在宫里和夫人南子闲谈，突然听见有马车从东边驶过来，那声音越来越响，到宫门前就不响了。南子说：“这车子上坐着的人一定是蘧瑗。”卫灵公感到奇怪，就问她怎么那么肯定。南子回答说：“从礼节上讲，做臣子的走过王宫门前是应该下车的；看见了皇帝的马车路过，也一定要行礼的。这些，都是表示敬重君主的礼节。真正的君子，即使在别人看不到的地方也还是保持此种礼数。蘧瑗是我们卫国有名的贤才，又最懂得遵守礼节，即使在夜间行车，他也会照例停下车以示敬意，因此我说坐车的人肯定是蘧瑗。”卫灵公不信，叫了人去查看虚实，结果果然是蘧瑗。

真正的忠臣孝子，不会因为人多就极力表现自己的礼节；也不会因为在没人之处就乱了纲纪，这是因为礼节是扎根在他们心里的原因。他们的忠孝，都是发自内心的，没有矫揉造作，没有装腔作势。就像蘧瑗那样，不因别人看不见就不守礼节，不为别人的褒扬就故意张扬自己，正因为那样，他才被国君夫人深深信任着。

卫蘧伯玉，敬上知非，
夜车止阙，见信宫闱。

◇ **原 文**

周，鲁，南宫敬叔尝随孔子适周，问礼于老聃，访乐于苌弘。初，敬叔以富得罪奔卫，及反，载其宝以朝。孔子闻之曰：『若是其货也，丧不如速贫之愈也。』子游问何谓，孔子曰：『富而不好礼，殃也。敬叔以富丧矣，而又弗改，吾惧其有后患也。』敬叔闻之，遂循礼施散焉。

《左传》载孟僖子将卒，命其大夫曰：『礼，人之干也，无礼无以立。』因属说与何忌事孔子而学礼焉，以定其位。定位，正所以自立也。是敬叔与兄懿子幸承父命，师事孔子，而能自立者也。

◇ **白 话**

周朝时候，鲁国有个叫南宫敬叔的人。一次，他跟着孔子到周朝去，在老聃（聃，音dān）那儿问礼，在苌弘那儿访求古乐。当初，南宫敬叔因为家里太有钱了，在国内犯了罪，逃到卫国去。过了一段时间，他返回鲁国，用许多贵重物品去贿赂朝廷那些人，要求恢复原来的官职。孔子知道这件事后就说：“像他这样买官做，还不如不做官，早点受穷来得好。”子游听了就问：“老师，这是什么意思呢？”孔子说：“有钱的人不讲究礼法，是一种祸殃啊。南宫敬叔由于有钱的缘故，失去他的官位，可是他仍然不肯改过，又希望拿钱来买官，我恐怕他将来还有后患呢！”南宫敬叔听到了孔子的这一番话后有所顿悟，便立刻有所改过，从此遵循礼法，把财产都施舍掉了。

《左传》记载：孟僖子在临死前，曾经召集他的大夫们说：“礼节是做人的根本，没有礼节就没有立身的依靠。”所以他遗嘱大儿子懿子要拜孔子为师学习礼法。南宫敬叔和他的兄弟懿子听从了孟僖子的遗嘱，向孔子学习礼法，最终也因此得以自立。

南宫敬叔，惟礼是循，家财施散，非欲速贫。

颜回辩志

◇ **原 文**

周，鲁，颜回随孔子北游农山。与子路、子贡辩志，曰：『回愿得明王而辅相之，敷其五教，导之以礼乐，使民城郭不修，沟池不越，室家无离旷之思，千岁无斗争之患，则由无所用其勇，而赐无所用其辩。』孔子凛然曰：『美哉德乎。不伤财，不害民，不繁词，则颜氏之子有矣。』

孔子为周公后尽礼之第一人，颜子为孔门中尽礼之第一人。孔子尝告以克己复礼为仁之目，非礼勿视，非礼勿听，非礼勿言，非礼勿动。颜子事斯语，孔子所以许为『用行舍藏，惟我与尔有是夫』。

◇ **白 话**

周朝时候，鲁国的颜回跟孔子到农山游玩，与孔门其他弟子子路、子贡谈论各人的志愿。颜回说："我愿遇见一位贤明的君主，帮助他佐理一切政事，宣扬下面五种仁义礼法：父亲方义教子；母亲慈爱孩子；做哥哥的友爱弟妹；做弟妹的恭谨兄长；晚辈孝顺长辈。我要用礼乐去教导人民，感化他们，使全部人都和睦相处，百姓们用不着修理城池防御外敌，人人安居乐业，过着安稳生活，再没有离愁别恨，永远没有纠纷战争。我希望子路的勇敢没有地方可用，子贡的口才也无处可施。——这，就是我的治世理想。"孔子听了，非常恭敬地说："颜回的道德是何等高尚啊！不费钱财，不害百姓，多么仁义和乐，是真正的礼治天下！"

孔子是周公以后彻底贯彻礼法、不折不扣去执行的第一人；而颜回又是孔子弟子中彻底贯彻礼法的第一人。孔子曾经告诉颜回："克制自己，使自己做的每一件事都符合礼法的要求，这是仁爱的条目；不符合礼法的就不要去看，不要去听，不要去说，更不要去做。”颜回就是严格按孔子的话去做的，所以孔子称许他说：“得到重用就出来做事，不得重用就退隐，这只有我和你才能做得到呀。”

颜回辩志，愿辅明王，敷其五教，礼为大防。

◇ **原文**

周，鲁，公西赤字子华。尝侍孔子言志，曰：『非曰能之，愿学焉。宗庙之事，如会同，端章甫，愿为小相焉。』孔子曰：『赤也为之小，孰能为之大？』子贡曰：『齐庄而能肃，志道而好礼，傧相两君之事焉。笃雅有节，公西赤之行也。』孔子曰：『二三子之欲学宾客之礼者，其于赤也乎。』

孔子尝言：『能以礼让为国乎何有？不能以礼让为国，如礼何？』公西赤礼乐会同，足靖诸侯之纷争，洵为救时之才，而以愿学为言，其让也，即其礼也。

◇ **白 话**

周朝时候，鲁国有个叫公西赤的人。一次，他站在孔子身边和大家谈论各自的志愿。公西赤说：“我的志愿不是随便说说就能做到的，不过我很愿意去学习宗庙的一切事务，比如诸侯大夫聚会时，我愿戴上礼帽，给他们做一个小小的傧相（傧相：替主人接引宾客的人）。”孔子说：“连公西赤都说自己要做的只是一个小小傧相，那么谁能做得大傧相呢？”子贡说：“公西赤立志要做有道义的人，平时整齐端庄又严肃，用礼法待人接物，应付诸侯游刃有余，既笃实又文雅，就公西赤这些行为，大傧相是非他莫属了！”孔子便对学生们说：“你们如果要学习应接宾客的礼节，只要以公西赤为榜样就行了。”

孔子曾说：“能按照礼乐制度互相礼让、进行制约，治国有什么难的呢？不按照礼乐制度去行事，礼又怎能用来治国呢？”公西赤在诸侯聚会时以礼乐相待，平定、化解诸侯间的纷争，毫无疑问，他是救急的可用之才，但他却说愿意去学习宗庙里的事务，这是他的谦虚，也正是高尚人品的一个表现。

子华好礼，章甫端庄，会同宗庙，傧相君王。

◇原 文

周，卫，高柴字子羔。端履操，生平足不履影，启蛰不杀，方长不折。仕卫为士师，治狱仁恕。蒯聩之难，子羔出走。刖者守门，谓之曰：『于彼有缺。』子羔曰：『君子不逾。』又曰：『于彼有隧。』子羔曰：『君子不窦。』又曰：『于此有室。』子羔乃入避焉。

考子羔为鲁成宰，成人有其兄死而不为衰者，闻子羔将至，遂为衰。成人曰：『蚕则绩而蟹有筐，范则冠而蝉有緌。』兄则死而子羔为之衰，其礼教之化人如此，盖君子之德，以身先民，而民不遗其亲焉。

◇白 话

周朝卫国的子羔品行端正有操守，为人仁慈心善良，就是遇见一只在地上爬行的虫子，他也会绕道而走；正在生长的草木，他从不会去糟蹋攀折。子羔在卫国做狱官时，专门审理刑事案件，他办案严谨，但又很有仁心。过了一些时，卫国发生了政变，国内局势动乱不堪，子羔决定离开卫国回老家去。走到城门的时候，守门人好心对子羔说："外面动荡不堪，此路不通，要走，就跳城门那边的缺口出去。"子羔说："君子不肯跳墙头，我怎么能从那里出去呢？"那个守门人又说："缺口不走那就走地洞，去吧！"子羔彬彬有礼地说："是君子，就要光明正大地出去，怎么能钻地洞呢？"守门人听了，觉得子羔确实很注重自己的修养，是个真君子，就把他引到城门旁边的一间小房子，在那里躲避了一阵，然后从城门出去才得以回家。

据考证，子羔曾经做过鲁成公的家臣（家臣：春秋时各国卿大夫的臣属，底下设司徒、司马、工正、马正等官职，担任这些官职的，总称为家臣）。那时候鲁成公家里有一个人死了兄弟本不想披麻戴孝，听说子羔将做鲁成公家里的重臣时，便赶紧穿上孝服，以尽孝道。那个死了兄弟的人说：“我家兄弟跟子羔非亲非故，但我兄弟死了子羔却为他披麻戴孝，我要做不到岂不是更加感到惭愧！”子羔就是这样以身作则地用礼法去教育感化别人。由此可以看出，君子如果用自己的仁义道德去以身作则，民众怎会不敬爱他呢？

高柴端履，守礼如愚。
避难出走，不窦不逾。

◇ 原 文

汉，张湛矜严好礼，动止有则，虽居幽室，必自修整。遇妻子以礼法，在乡党详言正色，三辅以为仪表。人或谓湛为诈，湛闻而笑曰：『我诚诈也，人皆诈恶，我独诈善，不亦可乎？』光武临朝，或有惰容，湛辄谏。尝乘白马，帝见湛，辄言：『白马生且复谏矣。』后为太子太傅。

◇ 白 话

汉朝的张湛为人严谨，一举一动都有礼有节。即使是在无人之处，他的穿戴也一定是很整齐的。他对待妻子儿女也很恭敬严谨，在乡党时跟乡民会面，和蔼可亲，言语温顺，方圆几公里的人都把他作为楷模来学习。有小人曾经造谣说张湛这种行为是装出来的，张湛听了，也不生气，他笑眯眯地说：“就算我是装出来的，不过别的人装出来的是恶，我装出来的却是善呀，那岂不是也可以么？”光武皇帝在朝堂会文武官员时，偶然会露出怠惰不耐烦的神情，张湛看到，是一定要劝谏的。张湛常常骑着白马，所以皇帝看见了张湛，每次都要说：“白马郎君又要来劝谏我了。”

张湛好礼，幽室必恭。
辄谏光武，不敢惰容。

◇**原 文**

北魏，长孙庆明赐名俭。少方正，有操行，神采严肃，虽在私室，终日俨然，文帝深敬之。时荆襄初附，诏俭都督三荆等十二州军。荆蛮旧俗，少不事长，俭殷勤劝导，风俗大革。后为尚书。尝与群公侍坐，文帝谓左右曰：『此公娴雅，孤每与语，肃然畏敬，恐有所失也。』

鄗国公状貌魁伟，而神采严肃，性不妄交。非其同志，虽贵游造其门，亦不与见。其督荆时，务广农桑，兼习武事，故得边境无虞，民安其业。吏部表请为构清德楼，文帝又赐改名为俭，其廉德可概见已。

◇**白 话**

北魏的长孙庆明还在幼年之时做人就很方正。他不拘言笑，神情肃穆，对自己总是严格要求，即使是在自己的房间，举止仍然端庄有度，文帝对他很是敬重。那时候荆襄地方刚刚归顺了朝廷，皇帝就命长孙庆明做了都督（都督：军事长官或领兵将帅的官名，有的朝代地方最高长官亦称“都督”，相当于节度使或州郡刺史），统领十二州的军队。荆蛮地方有个陋习，晚辈都不太侍奉长辈，长孙庆明觉得这个风气很不好，屡次三番亲自跑到民间去规劝引导他们的礼德，慢慢地，那地方的风气好起来了，人民都能尊老爱幼，家家气氛融洽，其乐融融。后来长孙庆明做了尚书。一次，一班臣子在皇帝旁边坐着，文帝指着长孙庆明对旁边的人说：“这位先生安闲文雅，我跟他说话时，他总是礼貌而耐心地听着，惟恐漏掉了什么，他的恭谦，让人从心里感到舒服。”此后皇上还考察到长孙庆明德行深厚，就赐给他一个名字：俭。所以长孙庆明又叫长孙俭。

长孙俭长得高大魁梧，不拘言笑，尊严威武。他从不乱结交朋友，如果不是志趣相投的，就是地位再怎么显赫，他也不会去见那人。在荆地任职时，他让当地农民忙时种桑养蚕料理家事，闲时就操练兵器讲习武事，所以边疆边防稳固，人们安居乐业。朝廷的吏部考察到长孙俭对国家贡献很大，就建造了一座清德楼嘉奖他，由此也可看出长孙俭的功德确实不一般了。

庆明严肃，清德流传。虽在私室，终日俨然。

王珪循礼

◇ **原 文**

唐，王珪性宽裕，尽心所事，故太宗重用之。上命品藻诸臣，自以为激浊扬清，嫉恶好善，余亦服其确论。上命珪为魏王泰师，泰见珪先拜，珪以师道自居。上以南平公主嫁珪之子敬直，珪曰：『主上循礼法，当令公主谒见，以成国家之美。』乃坐，令公主执笄行盥馈礼。

先君曰：『王公，正直人也。能以礼自持，屈抑人主；为魏王师，以道自尊；公主下嫁，向不以妇礼事舅姑，珪独与妻就席坐，使行妇礼，非君臣遇合之深，焉能革此弊俗？』

◇ **白 话**

唐朝时候，有个人叫王珪（珪，音guī），生性非常宽和，做事总是尽心尽力，很得太宗皇帝的重用赏识。一次，皇上命他评论当朝一班臣子，王珪评论自己时用了“激浊扬清、嫉恶好善”八个字，从这几个字可以看出他为人正直的品格。他对其他人的评论大家也说很中肯。因为他的德行，皇帝让他做了魏王的老师。魏王一见王珪就先行了拜师礼，王珪也没因他是魏王就低声下气唯唯诺诺，很平静地用了先生见学生的礼作了回应。后来皇上还把南平公主嫁给了王珪的儿子。王珪说：“皇上做事一向都讲礼法，嫁女到臣家，也应该讲究礼法才对，既然公主做了我家儿媳，就应当以儿媳的身份来拜见公公，这样才合礼仪。”皇上也认为应当这样，于是嫁女那天，南平公主认认真真行了一个媳妇见公公的洗手进食礼。

时人对王珪的评价是很高的，认为他正直、有礼仪。虽然当了皇亲贵族的老师，但不卑不亢，仍然能保全自己的品质；他的儿媳贵为公主，但仍以普通人家的翁媳关系相处，这一点，在等级森严的阶级社会，尤为可贵啊！

王珪宽裕，激浊扬清。公主下嫁，盥馈礼行。

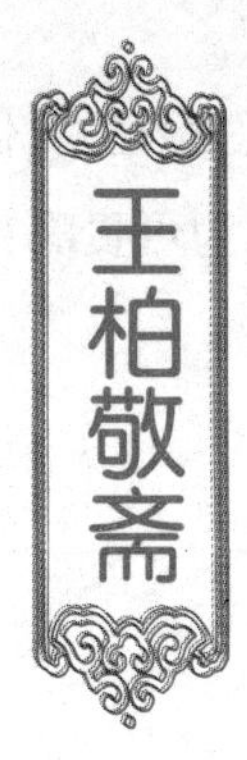

王柏敬斋

◇ **原 文**

宋，王柏号长啸。后著《论语通旨》，至『居处恭，执事敬』，惕然曰：『长啸非圣门持敬之道。』更号『鲁斋』，自著敬斋箴图，出一『敬』字，为日用躬行之则。夙兴见庙，治家严饬。当暑，闭阁静坐，子弟白事，非衣冠不见。垂殁，整冠端坐，挥妇女出寝门，惟子侄门人侍终。年七十有八。

◇ **白 话**

宋朝时候，有个叫王柏的，起初给自己起了个别号叫“长啸”，后来他做了一部《论语通旨》，读到“居处恭，执事敬”这两句时，忽然悟到“长啸”这个名字太狂放了，有失礼道的严谨和恭敬，马上就给自己换了一个别号，叫“鲁斋”，还亲自动手作了一篇敬斋箴图，从中拈出了一个“敬”字，作为自己行事的准则。王柏是这么想的，也是这样做的，每天，天才蒙蒙亮，他就到家庙里去拜祖；回来后治理家政，严厉谨慎；夏天的时候，子弟们有事去禀告他，他也一定穿着整整齐齐才接见他们；就是临死的时候，他还不忘把自己收拾得周周正正——那时候，他已经整整七十八岁了。

王柏主敬，持正履端。子弟白事，见必衣冠。

◇ **原　文**

明，薛瑄修己教人，以复性为主，言动咸可法，皆呼为薛夫子。时公卿见王振多趋拜，瑄独屹立。振趋拜之，瑄亦无加礼，乃诬瑄受贿，下狱论死。子三人，愿一子代死，二子充军，不允。及当行刑，振苍头泣于爨下，问其故，泣益悲，曰：『闻今日薛夫子将刑也。』振感动，乃免。

许止净谓薛夫子将行刑，而王振之苍头乃悲泣，岂非盛德感人，有不可思议者乎？三子求代死不允，而见苍头一泣得解，可知虽残忍小人，恻隐之心仍在。

◇ **白　话**

明朝时候，有个叫薛瑄的人，主张修身和教人都应不矫饰，不做作，回归人的本性。他的一言一行，也因做事的自然和纯朴成了大家学习的楷模。那时候朝廷有个叫王振的，非常有势力，满朝大官见了他都赶着下拜，独有薛瑄站着不动。王振觉得奇怪，就走过去先向他拜了一拜，薛瑄也不去回他的礼，王振又恼又恨，以后寻了个机会，诬告薛瑄受了贿，把他关进监牢定了死罪。薛瑄有三个儿子，儿子们到官府去，一个说愿意代父亲去死，另两个说罚他们去充军代替父亲受罪，但王振不答应，一定要薛瑄去死才满意。等到快要绑到法场去行刑的时候，王振家里有个老用人，坐在灶下不断地抹泪。王振见了，问他是什么原因，那用人哭得愈发悲伤，他抽抽噎噎说道：“我晓得今天薛夫子就要被行刑了，心里悲伤，眼泪就情不自禁流出来了。”王振听了，心里忽然很受感动，于是就免了薛瑄的罪。

许止净说薛夫子将行刑，连王振的用人都为他悲泣，说明薛夫子的德行也太感人了。不过奇怪的是薛夫子三个儿子请求去代死都没被准许，而一见老用人落泪却改了刑令，可见即使是残忍小人，他的一刹恻隐之心仍然还是有的。

薛瑄言动，共仰仪型。苍头悲泣，得免行刑。

◇ **原 文**

周，鲁，公乘子皮之姒以族人死，哭之甚悲。子皮止姒曰：『安之，吾今嫁姊矣。』异日，子皮告姒曰：『鲁君欲以我为相。』姒曰：『勿为也。』子皮问何故，姒曰：『临丧而言嫁，不习礼也，子不可以为相。』子皮曰：『姒欲嫁，何不早言？』姒曰：『吾岂欲以嫁之故数子乎？子不习于礼而相国，非有天咎，必有人祸。』子皮不听，竟为相，未期年，果被诛。

刘向谓公乘姒缘事而知弟之遇祸也，可谓智矣；待礼然后动，不苟触情，可谓贞矣；且言妇人之事，唱而后和，盖其深明于内则之礼耳。惟深明于礼者，乃能知人之非礼而相国，适以自取其祸也。

◇ **白 话**

周朝时候，鲁国的公乘子皮族里死了人，公乘子皮的姐姐哭得很伤心。公乘子皮就对姐姐说：“其实我知道你并不为死者哭。你是想到自己年纪大了还嫁不出去而烦恼痛苦，是吧？你也真是的，想嫁人就说嘛，有什么遮遮掩掩的！”姐姐觉得弟弟在这种场合说此种话，太不应该了，很生气。过了一阵，公乘子皮告诉姐姐鲁国的国君要请他去做宰相。姐姐却对他说不要去了。子皮问为什么。姐姐说：“你上一次在人家的丧礼上非但不说什么安慰的话，却说什么嫁人不嫁人的问题，我觉得你是一个没有礼仪的人。没有礼仪，怎么能出去做官呢？”子皮狡辩说：“你痛哭本来就是为了自己的婚事嘛！”姐姐说：“我是为了辩护我自己才说你的吗？我是怕你不懂礼仪将来出去做官会有祸患啊！”公乘子皮不理会姐姐的话，果然，做了宰相不到一年，就因为无礼犯了罪，被杀死了。

刘向说公乘子皮的姐姐能推测到弟弟将来会

有祸患，真是料事如神啊。其实，“礼”在古代是很重要的东西，只有懂得礼，执行礼，才能治理国家且在治理中保全自己。

鲁公秉姒，责弟子皮。不习以礼，国相莫为。

孟光举案

◇ **原 文**

汉，梁鸿妻孟光，肥丑而黑，力能举石臼。年三十嫁鸿。始以装饰入门，七日而鸿不答。光乃更为椎髻，著布衣，操作而前，鸿大喜曰：『此真梁鸿妻也。』与共隐霸陵山中，后又适吴，依大家皋伯通，居庑下，为人赁春。鸿每归，光为具食，未尝仰视，举案齐眉。伯通察而异之，曰：『彼佣之妻，能敬其夫若是耶。』乃舍之于家。

吕坤谓孟光貌陋而梁鸿贫，二人者以德相求。鸿不丑光之色，光不厌鸿之家。至于绮罗脂粉，亦愠不使御，鸿之心岂以色为重轻哉？

◇ **白 话**

汉朝时候，有个隐士叫梁鸿，他妻子叫孟光。孟光这个人长得很丑，胖不说，皮肤又黑又难看，力气像男人一样大，曾经把一副春米的石臼举起来就走。孟光是到三十岁了才嫁给梁鸿的，刚刚嫁过来时，天天一起床就忙着给自己打扮，梁鸿心里很不高兴，觉得这个女人太虚荣，但嘴上没说什么。到了第七天还这样，他就忍不住数落起她来，孟光才知道丈夫喜欢朴素，此后就素面朝天辛勤干活，再也不去碰那些脂啊粉啊的了，梁鸿很高兴地说："这才是我梁鸿的妻子啊！"过了一阵，终因厌恶尘世太浮躁，这夫妇俩搬到深山隐居去了。后来，他们不知因为什么，又搬到吴下这个地方来了，给一个叫皋伯通的人做帮工，就住在皋伯通家的门廊下。皋伯通观察到每次梁鸿从外边回来了，他妻子都会及时给他端上热乎乎的饭菜，吃完了，给他添饭时那妻子也总是把碗举到齐眉头的地方，恭恭敬敬地等丈夫来接。他觉得非常奇怪，因为一般下人都是没有礼节的，夫妻之间也是大大咧咧，毫无分寸，他觉得这两人肯定是有品行的隐士，不过在红尘里大隐而已，从此对他们很是敬重。

吕坤评论说孟光容貌丑陋但不嫌弃梁鸿贫苦，梁鸿贫苦也不嫌孟光容貌丑，这对夫妻是出于真正的道德结合在一起的。难怪日子虽然辛苦，但他们的感情却那么深。

孟光貌陋，深习礼仪。为夫具食，举案齐眉。

续母方肉

◇ **原文**

汉，陆续母，吴人，治家有法。续为太守尹兴门下掾，时楚王英谋反，事连续，逮系洛阳狱。母自吴至洛阳，无缘见续，但作食馈之。续对食悲泣不自胜。使者问其故，续曰：『母来不得相见，是以悲耳。』使者问何以知之，续曰：『母切肉未尝不方，断葱以寸为度，是以知之。』使者访诸谒舍，果然。嘉之，为上书述续行状，续得赦还。

吕坤谓人未有心正而事邪者，亦未有事慎而心苟者。陆续母切肉未尝不方，断葱以寸为度，即此二事，而其平生之端方、言动之敬慎可以类推矣。

◇ **白话**

汉朝的陆续，他的母亲治理家政很有方法，不仅自己有道德，还用德把家里家外管理得井井有条。陆续在太守门下任职时，因为楚王起兵造反，陆续也被牵连了进去，关押在洛阳的监狱内。他母亲打听到消息，赶忙从吴地出发，走路到了洛阳，但辛苦到得洛阳，却不让她见儿子，只好托管监狱的牢头给儿子送去一碗肉。陆续一见那肉，眼泪就扑簌簌地掉到碗里。牢头觉得奇怪，问他为什么哭。陆续说："这肉，是我母亲亲手给我做的啊！"牢头觉得更奇怪了，陆续就告诉他："我母亲一生正直，就连切肉也是切得方方正正的，断葱也是，断得一寸来长整整齐齐，我一见那肉那么方正，就知道一定是母亲来看我来了！"牢头不信，到旅馆一问，果然是陆续的母亲来了。后来经过调查，弄清楚陆续是被冤枉的，才被免了罪，但他母亲的品德却被传为佳话。

吕坤评论说：人要品德正，行为一定不会有

过错。就像陆续的母亲那样，连切肉也是方方正正的，她平时的为人就更不难猜测了。

陆续之母，探狱洛阳。做食馈子，葱寸肉方。

礼珪尊祭

◇ 原 文

汉，陈省妻杨礼珪，生二男。长娶张度辽女惠英，少娶荀氏，皆贵家豪富，从婢七八，资财自富。礼珪以其姑遗教敕二妇躬任劳苦，二妇再拜受教。从孙奉上微慢，礼珪抑绝之，感悟改过。遭乱流行，宗表欲见之必自严饬，从子孙侍婢，乃引见之，曰：『此先姑法。』四时祭礼，亲自养牲酿酒，曰：『夫祭，礼之尊也。』年八十九卒。

◇ 白 话

汉朝时候，陈省的妻子叫礼珪，她生了两个儿子，两个儿子娶的都是富家女子，嫁过来时光是用人就有七八个，更别提财礼了。但礼珪并没因她们出身娇贵就格外宠溺，媳妇嫁过来后就用以前婆婆遗留下来的家教去训导她们。她自己也以身作则，亲自做着劳苦的活计。两个媳妇见婆婆这样，也都学习起她怎样操持家务来。礼珪有个侄孙，对长辈言语之间稍微有了点怠慢，礼珪觉得这种行为是不可取的，就断然跟侄孙断绝了来往，侄孙觉察到了自己的过失，也就改过自新了。后来遇到乱世，礼珪一家像其他人一样颠沛流离，但如果有人要来拜访她，她一定要穿得周周正正，后面跟着儿子孙子们才去接见客人。她说：“我这是沿袭已过世的婆婆的礼法啊！”每逢祭祀时节，她一定要拿自己养的牲畜、自己酿的好酒去拜祭祖宗，还对子孙们说：“你们要记住：祭祀天地、祖宗是最隆重的礼节。”这个有礼法的妇人，直到八十九的高龄才去世。

礼珪尊祭，率教严恭。
乱中宗表，见必侍从。

陶湛款宾

◇ **原 文**

晋，陶侃母湛氏，归侃父丹为妾。陶家贫贱，湛氏每纺绩资给之，使侃结交胜己者。宾至，辄款延不厌。一日大雪，鄱阳孝廉范逵宿焉，母乃撤所卧新荐，自剉给其马。又密截发，卖以供肴馔。逵闻之，叹曰：『非此母不生此子。』侃后为浔阳县吏，监鱼梁，以一坩鲊遗母。母封还，以书责侃曰：『尔为吏，以官物遗我，是增我忧矣。』

◇ **白 话**

晋朝时候，陶侃的母亲湛氏，当初嫁给夫家时陶家非常穷。湛氏每天都辛勤地劳作着以补家用。她白天干活，晚上就纺线织麻，积下来的钱却经常大方地拿给儿子，让他去结交那些品行端正的人以增长学识。湛氏家境虽穷却热情好客，家里来了客人，她总是殷勤接待。一天，下了很大的雪，儿子的一个叫范逵的朋友到家里来过夜，他是骑着马过来的，马拴在桩上，下很大的雪不能出去给马找草料吃，湛氏就把自己床上刚刚铺上去的草垫子拿出，铡碎了做成草料给马吃。后来家里没钱了，她还悄悄把自己的头发剪下来卖了钱，去置办像样的酒席。范逵知道了这件事，感动地叹息着说："唉，如果不是有这样的母亲，哪里又能来陶侃的良好人品？"以后陶侃在浔阳做了小官，负责管理捕鱼等事务，有一回他炸了好些鱼给母亲吃。湛氏却把它原封不动地退了回去，还教训儿子说："你本身做了渔务官，一定要以身作则才是，但你却把鱼捕来给我吃，我非但吃不下，还增添了许多的忧愁呢！”

陶母礼客，不患家贫。剉荐截发，款待嘉宾。

郑崔夜绩

◇ **原 文**

隋，郑善果母崔氏，子为方岳，袭封公，母恒纺绩，每夜分而寝。善果曰：『儿封侯开国，秩俸幸足，母何自勤若此？』母曰：『吾谓汝知天下理，今闻此言，公事何由济乎？今秩俸，乃天子报汝先人殉命也，当放赡六姻，为先君之惠。至丝枲纺绩，妇人之务，自皇后及大夫士妻若惰业者，是为骄逸。吾虽不知礼，其可自败名乎？』

◇ **白 话**

隋朝时郑善果袭了官爵做了大官，但母亲崔氏仍然天天在家纺线织布，干活到很晚才睡。郑善果见母亲这么操劳，就对母亲说：“娘，儿子都已经做了官、封了侯了，所得的俸禄也远够你安享天年了，你又何苦还这么辛苦呢？”崔氏听了，说：“儿啊，我以前还以为你懂得天下的道理呢！听你刚才一席言，竟还是不懂的。你以为那些俸禄是你争取到的吗？是祖先们用道德、用鲜血、甚至是用性命换来的啊！到了你这一代，你才能得以承袭。你应该把那些俸禄分散给所有的亲戚们才对，这才体现了先民们对我们的恩惠。至于你劝我不要纺线织布，那本是妇女的分内事，从皇后娘娘到下层百姓，有哪家妇女不是这么干的呢？如果懒于做这些分内事，那么确实也说得上骄奢了。我虽然不懂礼法，但又怎么能够自毁了名誉呢？”

崔氏知礼，戒子名扬。
夜分犹绩，媿美敬姜。

楚媛不违

◇ **原　文**

唐，纪王慎，女楚媛，封东光县主。八岁，慎疾，忧不甘食。慎怜之，给曰：『已愈。』主察颜色未平，忧如故。长适裴仲将，事姑如母，严夫如宾，柔睦娣姒，慈惠幼贱。时戚里竞奢，见主约，谓之曰：『人生在适志，独勤苦何为？』对曰：『我幼好礼，今行之不违，非得志而何？且妇以恭逊成德，骄纵败名。况贵宠固傥来物也，可恃以陵人乎？』

◇ **白　话**

唐朝纪王的女儿叫楚媛。当楚媛八岁的时候，纪王得了病，楚媛整天愁眉苦脸，茶饭不思，纪王见她这么小就懂得孝顺心疼父母，就骗她说自己的病已经好了，但楚媛观察到父亲的脸上仍带着浓重的病色，仍然忧愁不已吃不下饭。从这件事已经可以看出楚媛有多么聪明和孝顺了。长大后，楚媛嫁给了裴仲将做妻子，她耐心仔细地照顾婆婆，对丈夫敬重恭谦，妯娌之间和睦相处，对晚辈和用人非常和善。那个时候，宫廷贵族间盛行斗富风气，那些人骄奢放纵，出手千金也不可惜，见楚媛持家非常节俭，就对她说："你呀，未免太过死板了。一个人活在世上也就不过几十年，人生如此短暂，一定要顺着自己的意志过活才好哇，像你这样勤勤俭俭清汤寡水似的活着，有什么意思呢？"楚媛却答道："我从小就讲礼法，现在节俭地过着日子，也是顺延以前的做法啊，我这样也是你们说的'顺意'吧。而且在我看来，妇道人家还是应该恭谨谦逊比较好，假如骄奢放纵，那确实也是败坏名誉了。况且富贵和恩宠这两样东西轻易得来，也轻易失去，更凭什么靠了它去欺凌人呢？”

楚媛八岁，忧侍庭闱。勤苦好礼，行之不违。

陈郑申教

◇ **原 文**

唐，陈邈妻郑氏，其女侄策为永王妃。氏虑其少长闺闱，不娴诗礼，欲教以为妇之道，申以执巾之礼。乃述经史正义、祖汉曹大家之言，编《女孝经》十八章，各为篇目，一如《孝经》章体。因作表奏闻，略谓天地之性贵刚柔，夫妇之道重礼义，『仁义礼智信』是谓五常，五常之主在于孝。后其书大行于世，家庭之间获益不少。

陈郑氏赋性聪敏，幼好读书，长益不倦。每览先圣垂言、前贤行事，未尝不三复抚躬，而欲并余芳步遗躅焉。因恐女侄之不娴于礼而作《女孝经》，以申执巾之礼，卒至千秋传诵，岂特其女侄受惠也哉？

◇ **白 话**

唐朝时候，陈邈的侄女嫁给永王为妻，陈邈的妻子郑氏担心侄女从小长在深闺，没有熟习诗礼，就想着要教她一些妇道的礼节和其他道义上的东西。她广泛地搜集经史上的义理故事，仿着汉朝时著名人物曹大家的体例，编了一部书，书名叫做《女孝经》。书共分十八章，每一章每一节都有篇名，大体跟孔子的《女孝经》体例一样。她的书做成了以后，又另外做了一封表章，把书呈给皇上看。皇上读了以后觉得写得相当不错，就提倡天下的妇女都应按照里面所说的去做。这部书里所倡导的“仁义礼智信”也就一直流传下来，这就是著名的妇道“五常”。“五常”中，最核心的思想是“孝”，这也就是为什么书名取名为《女孝经》的原因。

郑氏天性聪明，幼年时就特别喜欢读书，每次看到有贤明的人和事迹，都反复诵读，立志要学习他们的德行。这样难怪当侄女要嫁到贵族时她会萌生出写一本书的念头，那本书也确实使她名垂千古。它的影响和作用，早已远远超出郑氏当时写书时的出发点，不只惠及到她的侄女了！

郑氏女侄，选入宫中。申之以礼，作《女孝经》。

◇ 原 文

宋太祖赵匡胤母杜氏，治家毅，有礼法。生五子，太祖其次也。太祖即位，尊杜氏为太后，帝拜于殿上，群臣称贺，太后愀然不乐。左右进曰：『臣闻母以子贵，今子为天子，胡为不乐？』太后曰：『吾闻为君难，天子置身庶兆之上，若治得其道则此位可尊；苟或失驭，求为匹夫不可得，是吾所以忧也。』太祖敬受教。

五代之际，礼法荡然，故每不再传而易祚。宋太祖当五代之末，受周之禅，若非杜太后治家有礼，教子有方，安知其不蹈覆辙乎？观其尊为太后，时当朝贺，犹剀切教子，宜太祖之孝悌兼全也。

◇ 白 话

宋太祖赵匡胤（胤，音yìn）的母亲姓杜，治家很有方法，也很遵礼法。她一共生了五个儿子，赵匡胤排行第二。后来赵匡胤做了皇帝，太祖就在宫殿尊了杜氏为皇太后，一帮臣子跟在后面争先道喜。谁知杜氏却一点也没露出高兴的神色，左右的人忍不住问她："俗话说'母以子贵'，如今您的儿子贵为天子了，你因何而不乐？"杜氏说："你们都以为做皇帝是天底下最快乐的事了，可是我听说那却是最麻烦的。为什么？皇帝位于万民之上，如果有能力把国家治理得井井有条，那么他的位置是非常尊贵的；但万一治理不好，想做回平民百姓都不可能。这就是我作为一个母亲担心的事情啊！"宋太祖听了母亲这席话，也觉得很有道理，就恭敬地接受了母亲的教导和训斥。

历史上五代之际因为混乱，礼法道德荡然无存，而宋太祖是五代末期登基的，如果不是他母亲治家有礼、教子有方，谁又能保证宋太祖政权能稳如泰山呢？从宫殿拜太后那一幕，确实可以看出她的长远目光，难怪宋太祖孝悌兼全呀。

杜后治家，夙有礼法。教子君难，得绵宋业。

荆国寿舅

◇原　文

宋，荆国公主，太宗女也，幼不好弄。太宗常发宝藏，纵诸女择取，以观其志，主独无所取。及长，善笔札喜图史，能为歌诗，尤精女工。嫁都尉李遵勖，旧制选尚者，降其父为兄弟行。时遵勖父继昌无恙，主因继昌生日以舅礼谒之。真宗闻，密以缣衣宝带器币助其为寿。遵勖宾客皆一时贤士，每燕集，主必亲视饔饎焉。

荆国之事舅尽其礼矣，而其事夫之尽礼，亦足述焉。当遵勖守许州，得暴疾，主亟驰视之。后居夫丧，衰麻未尝去身。服除，不复御华丽。尝燕禁中，真宗亲为簪花，辞曰：『自誓不复为此久矣。』其守礼如此。

◇白　话

宋朝的荆国公主是太宗皇帝的女儿，幼年时期就不喜欢游玩嬉戏。太宗曾经打开一个堆满奇珍异宝的房间叫女儿们任意挑选喜爱的物品，暗中却悄悄观察女儿们的反应和人品。其他女儿都嘻嘻哈哈挑了许多自己喜欢的，只有荆国公主什么也没拿。成年后，荆国公主的文章写得很好，她喜欢读书，诗尤其写得好，女工也不错，刺绣没人能比得上。后来她嫁给李遵勖（勖，音xù），按古时礼节，凡是公主嫁的夫家，对待其父是可以以兄长的礼节来行事的。但荆国公主并没因自己是公主就高高在上，在她公公生日那天，也用了媳妇拜见公公的礼节恭敬祝贺。太宗皇帝得知了这回事，心里也暗暗赞许，就奖励了她很多贺礼给李遵勖的父亲祝寿。此后但凡家里来了客人，家宴时荆国公主仍以一个媳妇的身份在一旁添菜加酒。

荆国公主对公公确实是很有礼节了。她对丈夫又何尝不是如此呢？当她丈夫在许州得了急病时，公主几次连夜动身去看望他。后来丈夫去世了，她一直穿着麻布孝衣，孝期过了，她再也没穿过华丽衣服。皇上来看她时，想亲自为她戴上一朵簪花，公主却推辞着说：“我已经发过誓，再也不戴鲜花、着华服了。”

荆国公主，事舅如仪。因其生日，以礼谒之。

尹陈童训

◇ **原 文**

宋，尹焞母陈氏，处家整肃，虽贫窭不为戚然。焞童时，即教之动止语默，使合于礼。甫长，授以经义。闻程伊川先生颐善教，使焞往师事之，戒之曰：『学有本原，必求其得。耕弗获，菑弗畬，弗贵也。』焞后应举，发策语不善，不对而出，以告其母。母曰：『吾知汝以德养，不知汝以禄养。』颐闻之，曰：『贤哉母也。』焞于是终身不应举。

谚云：『桑树从小直。』故教子必慎于童时之动止语默，使合于礼，以先入为基。及长，再为择善师而从之。如是则内有母教，外有师训，虽欲其不中矩，不可得也。

◇ **白 话**

宋朝尹焞的母亲陈氏处理家务很严谨，家境虽然贫苦，但陈氏却总是很乐观。还在幼小时，母亲就教尹焞要有礼节，一举一动都要符合礼法。稍长大一点，陈氏就教儿子念书，又找到一位知书达理的先生教儿子读书和做人。儿子就要进学堂了，陈氏语重心长对儿子说："做学问要讲求本原，只有得到本原才算得到了学识。如果不弄清楚本原，就好像耕了田而没有收获，开垦了土地又把它丢弃了一样。这种没有恒心半途而废的做法，都是不可取的。孩子你一定要记住这一点啊！"后来尹焞学成以后去参加科举考试，碰巧那次考试的题目不太好懂，其他考生在那里冥思苦想凑合写文章，只有尹焞只字不写，信步走出考场。回家后他把当时的情形原原本本告诉给母亲。陈氏对儿子说："我不求你做官不求你进禄，只要求你不投机取巧玩弄邪术方正做人。"尹焞的老师听到这一番话后也连连赞许："尹焞的母亲可真称得上贤明啊！"尹焞也果如他母亲所说，一生有操行，且终身未再参加科举考试。

陈氏可真算得上善于教导孩子了。有一句俗语说得好：“桑树从小就长得直。”所以教育子女也必须趁早要从小时抓起，从小事抓起。到孩子长大了一点，就应为他选择有德行的老师去学习学问和做人的道理。像故事中的尹焞一样，家里有贤明的老母，学堂有廉洁的老师，这样的环境下，想要他学坏都不可能啊！

陈氏子幼，教以礼仪。
及其长也，择善为师。

谢后端重

◇ **原 文**

宋理宗即位，议择中宫。杨太后以谢深甫有援己之功，命选谢氏女。时谢氏惟后在室，生而黧黑，翳一目。乃送之就道，旋病，疹已，肤蜕，莹白如玉。医又去翳，遂与贾涉之女同入宫。贾女有殊色，帝欲立之，杨太后曰：『谢氏端重有福，宜正中宫。』贾妃专宠后宫，后处之裕如，不以介怀，太后益贤之，帝亦礼遇日加。

◇ **白 话**

南宋时期，理宗皇帝刚刚登基，尚未娶妻。在选皇后时，照太后的意思，因为谢深甫对朝廷很有功劳，皇后应该是谢家的女儿才是。但谢家只有一个女儿，且这个女儿丑得很。皮肤黑得可怕，一只眼还长满了白内障。选皇后的人没办法，知道如此丑陋也只好把她选了上去。进了宫不久，那女子忽然生起了麻疹病来，等病好了，全身的皮都脱了，却重新长出了一身皮肤，美白红润光滑如玉。这女子眼里的白内障也叫医生给除去了，谢女就像脱胎换骨换了个人一样，叫人非常惊奇。当时被同时选入宫的还有另一贾姓女子，那女子生得非常貌美，皇上一见就很欢喜，想立她为皇后，但太后不肯，她说：“谢家的那位女子稳重端庄，虽然容貌不及贾女，但皇后还是应该由她来担任。”于是谢氏才做了皇后。成婚后，皇上专宠贾女，谢氏也不生气，太后更是称赞她的气度和德行。后来皇上也觉察到谢氏的美德，对她日益敬重起来。

谢后端庄，宜正中宫。不妒贾女，礼遇日隆。

◇原 文

明，神宗生母李太后约束母家。其父伟有过，后召入宫，切责之。不以父故骫祖宗法。教帝甚严，帝不读书，即使长跪。每遇讲筵入，尝令效讲臣进讲。遇朝期，五更至帝寝所召帝起。帝尝被酒，令内侍歌新声，辞不能，乃戏割其发。后闻之，传语张居正具疏切谏，令为帝草罪己札，又召帝长跪数其过，帝涕泣请改乃已。

许止净谓历史上为后妃者，能约束兄弟家人已不可多遘，况于其生身之父乎？至能严教帝王之子，虽有小过，不稍宽假，则李后实绝无而仅有。史称万历初政几于富强，不能不归功李太后也。

◇白 话

汉朝有个大夫叫石奋，虽没出众的文学才华，但为人非常恭敬谨慎。石奋有四个儿子，个个都因做事谨慎做了官俸二千石的官，因为这个缘故，当时的人都把石奋叫做“万石君”。后来，石奋告老回家，但他仍保持谦虚恭敬的作风。每次经过宫门，他一定会跳下车子、快步走以示尊敬；要是遇到皇帝骑的马，也一定低下头行过礼才离去；子孙中有做了官的来看望他，他一定是换上朝服才见他们的，并且不再直呼他们的名字，而是以官名相称；子孙偶然有了过错，石奋就面色严肃，对着桌子不肯吃饭，直到犯错的晚辈承认了错误表示了悔改，石奋才肯吃饭。

许止净认为石家父子因为恭敬谨慎，所以侍奉君王能够尽忠，侍奉父母能够尽孝，慈爱严谨地教育子孙，推行教化治理百姓。历史上周文王因为谦虚谨慎而使周朝兴起，武侯也因一生谨慎而使蜀地安定。到了晋代，人们却都争相崇尚旷达，放浪形骸，蔑视礼节，所以才会招致所谓

"五胡乱华" 的悲剧（五胡乱华：西晋末年，各族人民纷纷起义，匈奴、鲜卑、羯、氏、羌等五族的上层分子，乘机窃取各族人民起义斗争的果实，先后建立十六国政权）。

李后明礼，约束母家。帝王有过，责数交加。

◇ **原 文**

明，白圭继妻孟氏，性端静，寡言笑。每以随夫宦邸，不得奉侍舅姑为恨，方物佳味，未寄不尝。尝谓人子不善，其母每庇护不闻于父，则子恶日纵，故诸子有过，必告圭惩之。遇诸妇尤有礼法，侍立终日，无敢失容。凡中馈事，皆使亲劳，虽居京师，日躬事蚕绩，曰：『诸妇皆出自贵家，吾将使其知成之不易，庶几能俭约也。』

◇ **白 话**

明朝时候，白圭的妻子孟氏生性端庄文静。她跟随丈夫住在衙门里，经常因为不能在家服侍公婆而过意不去。白圭做官的地方有很多美味食物，孟氏在没寄给两位老人之前，是不会去煮着吃的。孟氏经常对人说：“都说‘严父慈母’，确实，要是孩子犯了错，一般人都是由做母亲的隐藏着袒护着不告诉做父亲的去。结果呢，那孩子就一天天放纵起来，终究学坏了。”孟氏的几个儿子有了过失，她是一定要告诉丈夫的，还让丈夫去教育训斥儿子们。儿子长大后，孟氏对待儿媳们尤其有礼法。凡是家里饮食的事情，都叫儿媳们亲手去做。虽然住在京城里，但她亲自养了蚕来织丝。孟氏说：“虽然媳妇们都出生于富裕人家，但那样做，是要叫她们明白， 丝 ·线都来之不易啊！懂得了这些，持家肯定就会节俭了。”

孟氏教子，告圭惩之。
诸妇久侍，莫敢失仪。

◇ **原 文**

明，朱道行妻祝氏，年十三即依其姑吴氏。家贫无臧获，吴淅米，祝炊薪；吴操臼，祝汲井；吴缝纫，祝浣涤。吴性俭，灯捻草细如发，为省膏也；煮茗不更举火，出诸余瓮。吴以是传祝，祝以传其妇徐。遇祭祀，辨明起，洒扫庭户，涤几席，治膳必洁且热，曰：『鬼何知食？惟得气耳。贫家纵不得明粢丰盛，奈何不以气妥先灵乎？』

祝氏无忝于温良恭敬，宽裕慈惠矣。其事夫也，有顺无拂；即与儿媳及孙男女语，先为和悦笑容语乃发；驭下亦然。终其身无怒色，无论讪谤鞭笞也。夫与子同年举孝廉，垂老而操作如故，尤可风矣。

◇ **白 话**

明朝时候，朱道行的妻子祝氏十三岁就跟着婆婆过。家里很穷，没有用人，但祝氏跟婆婆相处得很融洽：婆婆淘米，祝氏就烧火；婆婆舂米，祝氏就去挑水；婆婆补衣，祝氏就去河里洗衣。两个人就这样勤勉地过着日子。婆婆吴氏也是个极节俭的人，晚上点灯时，把灯草捻得像一根头发一样，为的是节省灯油；煮茶时候，不另外生火，就用余火把瓦瓮烧热。这种节俭的生活方式一直传到后世。祝氏日常节俭是如此，但她对祭祀活动却非常重视和严谨。到了祭祀时日，她总是天不亮就起床了，打扫门庭、清洗家具，做出非常洁净的饭菜去供奉神明。她家的菜饭总是热气腾腾地摆在案桌上，祝氏说："家里穷，供不起大鱼大肉，但新新鲜鲜热气腾腾，神明看见了也欢喜。"

祝氏性格温良，脾气和顺。她对丈夫、儿子、媳妇说话时总是未说先笑，和颜悦色笑眯眯一番再娓娓说事。她一生基本上没怎么发过脾气，就是很生气时也是不板着脸的。她的儿子和丈夫同一年被推举为“孝廉”人物，祝氏到老仍然辛勤劳作，很受人们的尊敬。

祝氏恭顺，洒扫门庭。躬亲祭膳，安慰先灵。

◇ **原 文**

明张晋妻刘氏，贵家女也。其姑悍妒，有三媳，均为虐出，刘乃第四媳也。于归后，甚得姑意。人骇究其由，惟『顺从』二字：『凡有教训指使，罔不唯命是遵，即非礼之事或断非妇人所能为者，当命之时，亦无推却。久之，则将其事之是非从容请命，往往有言，姑未尝不从。』事之三年，姑竟化为慈，续娶三媳，不再以虐闻。至晋则竟尚旷达，倮身相对，子呼父，蔑视礼法，遂召五

◇ **白 话**

明朝时候，张晋的妻子刘氏是富贵人家的女儿，她的婆婆异常凶暴，恶名几乎传遍乡里。张家有三个儿子，都已成婚，可三个媳妇都不堪婆婆虐待，离家而去。算起来，刘氏已经是张家的第四个媳妇了。奇怪的是，人们发现这第四个媳妇从入门起就很得婆婆的欢喜，大家忍不住去探问个究竟，刘氏答道："其实也没什么特殊的方法。我不过是运用了一个法宝：顺从。凡是婆婆要我做的事，不管是有理的没理的，合礼的不合礼的，我都先满口答应下来，如果合理的，那我立刻就去做；如果不合理的，先搁置一阵，待婆婆心平气和了，我再慢慢跟她讲道理，这样婆婆也很乐意接受我的意见，就这样，我跟婆婆便能和谐相处了。"刘氏和婆婆住了二年后，大家惊奇地发现，刘氏的婆婆也变了，不但变得通情达理，而且心地竟慢慢良善慈悲起来，后来又娶回三个媳妇，刘氏的婆婆便再也没有发生过虐待媳妇的事了。

张妇刘氏，委屈顺从。非礼之命，剖别从容。

◇原　文

宋，张某妻高氏，余姚烛湖人。未婚而张瞽，乃使媒告高氏父母曰：『吾不幸而瞽，爱女听别嫁。』父母将诺之，高氏涕泣曰：『男女通名，祸福无改。今既字而瞽，我命也。我犹弃之，谁复为之妻者？使彼因我而受冻馁，我何面目立人世耶？』父母感其言，许张婚。高氏遂归于张，勤力以养，终身晏如。乡里贤之，号曰义妇。

守义于已婚，易；守义于未婚，难。因尚未成为妇也，况别嫁之语出自其夫乎，且也在家从父，父母将诺之矣，乃毅然数语竟挽亲心，卒归张氏勤力奉养，终身晏如，彼李康侯妻者，殆效法斯人哉。

◇白　话

宋朝时候，有个姓高的女孩，成年后被许配给一个姓张的人。还没嫁过去，那姓张的小伙子不知怎么的眼睛就瞎了。小伙子心肠好，觉得自己配不上未婚妻，就派媒人去对高家说：“我不幸瞎了眼睛，再也高攀不起你们了，请你们姑娘另择人家吧。”高家父母听了，觉得也是，就答应了。意想不到的是那姓高的女孩却冲出来泪流满面对媒人说：“凡是男女，一旦订婚，就是结定盟约，不管是福是祸，彼此都应忠诚忠心。张家小伙子是跟我订婚后眼睛才瞎掉的，虽然不幸，但盟约在先，我不能背信弃义，做无良知的人。假如我不嫁给他，谁又会嫁给一个盲人呢？眼睛瞎了已经够痛苦了，如果没有人照顾，那就更是辛苦，叫我眼睁睁地看着他受苦，我也于心不忍呀。”父母一听，觉得自己的女儿确实是太有情义了，被她的话语感动，就答应还是把女儿嫁过去。那女孩嫁过去后，果然如她前面所言，勤勤俭俭地过着日子，对盲丈夫体贴照顾，温情有加，乡里人没有一个人不称赞她是个贤德妇人。

结了婚后有信有义是容易的，但没结婚前要做到这一点就难了。高姓女孩并没正式嫁过去，况且主动提出解除婚约的是男方，那样的情况下，她仍能作出这样的决定，也确实是不容易。且看她结了婚后踏实稳重、贤惠勤俭的表现，称她为“义妇”，的确名副其实。

义妇高氏，尚未成婚。夫瞽不弃，竟归张门。

陈林义母

◇ **原 文**

宋，陈骅妻林氏，知书能文。寇扰汀邵延平诸邑，骅起复，守延平兼招捕使。林氏与骅同赴官所，曰：『死则俱死。』郡人见林至，感激相谓曰：『太守携家，为死守计，我辈何畏？』有从奔走王事而妻子无依者，林氏皆廷之州宅，日与游处，使其子与己子同学，由是人皆效死。及寇平，郡人怀其德，呼曰『义母』。事闻，诰封清源夫人。

◇ **白 话**

宋朝时候，有个叫陈骅的地方官，妻子叫林氏。林氏知书达理，文章也写得不错。有一年，叛贼强盗兴起，不时来打击劫扰他们那个地方。那时陈骅服丧期满，重新上任后任那地方的太守，同时还兼任抓捕叛贼的官职。上任时，到处兵荒马乱的，林氏就随着丈夫一齐住进了衙门府里，并鼓励丈夫说："不要担心，我跟你在一起，大不了就是个死，要死，还有我陪伴你呢。"正是动乱不堪的时节，老百姓见太守携了家眷一起到衙门里住着，就都放了心说："不要怕，我们会安全的。你看，太守还把一家老小都带了出来呢，他都不怕，我们又有什么好怕的呢？看来太守他是决心要保护我们的家园啊。"民心安定后，全城百姓齐心协力保卫城池，清肃流贼，情况很快就有了好转。那时有很多壮丁为了守城远离家门，林氏就把他们的妻子儿女都接到衙门来，和他们一起吃住，还安排他们的孩子跟自己的孩子一起读书。前方守城打仗的人更无后顾之忧了，同仇敌忾的结果是很快就把叛贼强盗赶走。战乱平息后，老百姓在心里都深深感谢着林氏，就给她起了个名，叫“义母”。后来此事还传到了朝廷，皇帝知道了，就下诏封她为“清源夫人”。

义母林氏，从守延平。人子己子，一样恩情。

黎女矢死

◇原文

明，黎女许字陈氏子濂。南海钟姓者兴巨狱以构陈氏，濂挺身就逮，誓不以难蒙父兄。自分不得出，使辞黎氏之婚。黎氏父母然其辞，欲为女谋别选所归。黎女矢死自决曰：『以身许人，当其有难而背之，不义；出不出未可知，不冀其出，而先以不出绝之，不仁，吾惟有俟之而已。』濂既出，黎女遂归濂焉。

黎女仁义矣。其未婚夫亦仁义也，挺身而就逮，不以难蒙父兄，非义乎？自分不得出，乃以婚辞黎女，非仁乎？以仁同仁，以义配义，舍陈濂实不足婚黎女，非黎女亦不可配陈濂。

◇白话

明朝时候，一家姓黎的人家，把女儿许给了陈姓人家做媳妇。那个时候，南海有个姓钟的不知怎么就跟陈家结了仇，用莫须有的罪名要把这一家人打入大牢去。陈家的儿子叫陈濂，他看到这个情况，自己先站出来说这事是他干的，让那帮捕班们把自己捉了去，又在衙门里把所有的罪名都包揽了起来，让家里其他人都免了罪。陈濂在大牢里暗自想：“此番进来，十有八九是出不去了。”就派人到黎姓人家去辞那份婚约。黎家父母觉得也在理，就答应了。谁知黎家那女孩却不答应，她说：“既然已经许配给人了，有盟有约，应当彼此忠诚才是。人家有难，就背弃他们，这是不道德的行为；况且陈家儿子能不能出来也是不能料定的，人家还没有出来，就料定一定不能出来了，这是不仁义。背信弃义你们可能不觉得怎么样，但对我是不可能的，我还是等候消息吧。”后来，陈濂被无罪释放，黎家女儿嫁了过去，终于夫妻恩爱，白头到老。

黎家女儿算得上是情义兼备了，那未婚夫一样有仁有义。也是仁义与仁义的结合，算得上是两两相配、相得益彰的美事了。

黎女既字，夫死守身。辞婚不背，由义居仁。

◇ **原 文**

周，齐，冯谖为孟尝君收债于薛。矫命，以债赐诸民，焚券而归。孟尝君曰：『债收毕乎？来何疾也？』曰：『收毕矣。』问：『何所市？』曰：『市义而还。君府藏盈积，惟寡义耳。』君曰：『诺。』后孟尝君废，诸客皆去，独赖冯谖，得复其位。

冯谖初见孟尝君之时，则曰无好无能，孟尝笑而受之。食无鱼，出无车，无以为家，三弹剑铗，孟尝如愿偿之，人方疑其贪也。乃感其恩而市义以报之，卒至君废客散，赖谖而复位，义士之报人多矣。

◇ **白 话**

齐国有个策士叫冯谖（策士：即谋士，战国时指游说诸侯的人），是著名君子孟尝君的门客（门客：门下客，也称食客）。一回，孟尝君想派一个懂会计的人到自己的领属地薛地去收债，收完后再买回一些需要的东西，冯谖就自告奋勇去了。到了薛地，冯谖却自作主张拟了一个告示，下令把那些人的债券全部焚烧了。空着两手回来后，孟尝君觉得非常奇怪，就问冯谖："怎么这么早就回来了？薛地的债都收来了吗？"冯谖说："全收齐了。"孟尝君又问："那么，买回了什么东西呢？"冯谖说："我给您买回了人心。出门的时候您不是交代我看见家里少什么就买什么吗？我观察了一下，您的家里丰衣足食，什么都齐了，惟独少的，是民心。"孟尝君大不以为然，从鼻子里应了一声后就走开了。后来孟尝君被小人恶意中伤，被削职回到了薛地。原来门下的三千食客都树倒猢狲散，全跑得没影了，惟有一个冯谖没有走。孟尝君到薛地的那天，只见满城百姓都在百里之外的地方迎接他，直到此时，他才明白了冯谖的良苦用心。后来也是靠了冯谖的良策，孟尝君又官复原职。

想当初，冯谖刚到孟尝君门下谋事时，孟尝君问他有什么才能，冯谖说自己什么都不会，孟尝君就给他定位为第三等食客，吃粗糙的粮食，出入都是步行，更没有什么钱可以拿回去供奉亲人。冯谖曾因此三次弹着他的剑，唱着歌："宝剑啊宝剑，我现在什么都没有。" 门人一次次汇报给孟尝君听，每次孟尝君都满足了冯谖的要求，于是人人都很厌恶冯谖，觉得他是一个贪得无厌的无用之人。没想只有到最后，孟尝君遭削职，所有的门客都跑光了，却只有冯谖留在身边，一直辅佐他官复原职，这些，原来才是义士回报人主恩义赏识的结果啊！

冯谖弹铗，客于孟尝。收债市义，焚券免偿。

◇ 原 文

周，齐，鲁仲连游于赵。时秦围赵，急，魏遣新垣衍说赵，请帝秦。仲连乃见新垣衍曰：『彼秦者，弃礼义、尚首功之国也，权使其上，虏使其民。彼即肆然为帝，则连有蹈东海而死耳，不忍为之民也。』秦军闻之，却五十里。

鲁仲连义不帝秦，宁蹈东海而死，其辞慨慷，其志激昂，义气所感，秦军为之却退，新垣衍称其为天下士。平原君且欲以千金为之寿，仲连笑而却之。为人排难解纷，不受人报，无愧为天下士矣。

◇ 白 话

周朝末年，齐国有个策士叫鲁仲连，游历到赵国时，恰好遇到秦国把赵国围困了。情急之下，魏国派了一个叫新垣衍的使臣去游说赵国投降。鲁仲连知道了这回事，就找到新垣衍，说：“秦国的人个个都虎豹狼心，抛弃道义，对其他国家的人掠夺蛮横，肆虐成性，要对这样的国家俯首称臣，我鲁仲连宁愿跳到东海去。”秦军听到这样一席义正词严的话，羞愧不已，连忙退到离赵国五十里的地方去。

鲁仲连坚决不对秦国称臣那一席话，铿锵有力，慷慨激昂，他的正义演说，就是秦军听了，也退到五十里开外的地方去。新垣衍赞誉他是天下的义士，他的事迹在诸侯各国传开以后，平原君想送千两黄金为他祝寿，鲁仲连却笑着推辞了。他经常为人排忧解难却分文未取，不愧是真的“天下士”啊。

齐鲁仲连，义不帝秦。
宁蹈东海，不忍为民。

◇ 原 文

汉，楼护字君卿。为人短小，论议依名节，听之者皆竦。有故人吕公，无子归护。护身与吕公、妻与吕妪同食。及护家居，妻子颇厌吕公，护流涕责其妻子曰：『吕公以故旧穷老，托身于我，义所当奉。』遂养吕公终身。

楼护与谷永同为五侯上客。楼君卿唇舌，言其见信用也。故人吕公夫妇依之，身与同食，并嘱其妻亦与吕妪同食，妻子厌之，且以义所当奉，流涕责之。其义也，亦即其信也。

◇ 白 话

汉朝时候，有个人叫楼护，其貌不扬，长得还很矮小，但谈吐大方，有理有据，很让人信服和敬佩。楼护有个姓吕的朋友，没有儿子，年纪大了，无依无靠，就携了老伴到楼护家请求收留照顾。楼护接受了他们，和他们一同吃一同住。后来楼护从朝廷告老回家，那吕姓夫妇也在楼家住了好一阵了，渐渐地，楼护的妻子就开始厌烦了起来，觉得那俩夫妇是包袱，要赶他们走。楼护就流着眼泪对妻子说："吕公是我的老朋友，人家不到艰难时刻不上门，再说年纪也大了，无依无靠，孤苦伶仃，况且咱们既然答应了人家，就应该践行诺言才是。"最后说服了妻子，把那夫妇俩一直奉养到岁终。

楼护与一个叫谷永的同是众多诸侯的座上宾，楼护的言语之间总是非常具有正义和信用。他平时的做人处世也是这样的，那吕姓夫妇俩的事，就充分说明了这一点。

楼护仗义，念旧怜贫。
吕公夫妇，奉养终身。

◇原文

汉，云敞字幼儒，平陵人，师事同郡吴章。章，当世名儒，弟子千余人，以不附王莽被诛。其弟子皆禁锢，不得仕宦，门人尽更名他师。敞时为大司徒掾，自劾为吴章弟子，收章尸归葬，京师称其义，官至中郎谏大夫。

◇白话

汉朝时候，有个叫云敞的人，他拜吴章为师。吴章是当时出名的儒者，弟子有千来人。当时正好是王莽篡权的时候，吴章很反对王莽的篡权，刚好王莽的大儿子也跟父亲不合，于是他们便密谋在夜里去杀王莽，不料这个行动被王莽发觉，王莽当场就把儿子杀死了，同时也判处吴章腰斩的极刑。王莽同时还下了一道命令：令吴章的门生全部解散，且凡是跟过吴章读书的人，永生不得做官。那些弟子乱作一团，走的走，散的散，或者改拜其他名士为师，更顾不上要给吴章收尸了。只有云敞不仅在人前公开承认自己是吴章的弟子，而且亲自跑到刑场去把老师的尸体背回来埋葬了。事情发生后，满城民众都赞誉云敞有节有气，是个义士。

云敞之师，人皆背之。自劾弟子，竟收其尸。

◇ **原文**

汉，宋弘为司空时，光武姊湖阳公主新寡，帝与共论朝臣，微观其意。主曰：『宋公威容德器，群臣莫及。』帝因谓弘曰：『谚云：‘贵易交，富易妻’，人情乎？』弘曰：『臣闻贫贱之交不可忘，糟糠之妻不下堂。』帝谓主曰：『事不谐矣。』

许止净曰：『人情险薄，田舍翁多收十斛麦尚欲易妻，彼闻长公主下嫁，岂不惊为富贵逼人，三生有幸，遑计床头涕泣人？‘宋公德器，群臣莫及’。湖阳诚弘之知己矣。』

◇ **白话**

东汉时候，有个叫宋弘的人，在朝廷里做着官。一年，光武皇帝的姐姐湖阳公主死了丈夫，光武皇帝就借和姐姐谈论朝廷诸臣的人品来试探姐姐的心思，姐姐也知意，就说：“满朝文武百官啊，我看就一人最贤能，是谁呢？——宋弘。宋弘要貌有貌，高大威武；且有道有德，行事处人最为光明磊落。他是如此完美，满朝百官，无人能比。”光武皇帝听了，笑了一笑，改了个时日，就找宋弘去了，见了面，便暗示他说：“爱卿啊，我听得俗话里有这么一句：‘地位高的人容易忘掉贫贱之交，富裕了的人经常换妻’，我看，这倒不是什么瞎说，人之常情嘛，是吧？”宋弘立即就听出了皇帝话里的意思，他思索了一下，说：“可是微臣也听到另一句谚语啊：‘贫贱之交不可忘，糟糠之妻不可弃’啊。”皇上一听，知道宋弘无意于高攀什么皇亲国戚了，他日见了湖阳公主，只好告诉她：“那天你跟我说的事没戏了。”

许止净评论说："世道炎凉，人情淡薄，现在的人啊，就是一个耕田佬多收了几十箩稻谷也嚷嚷着要换妻了换妻了。如果是其他人听得公主钟情于自己要招己为驸马，还不知道要高兴到哪里去了呢，又哪里能想到曾经和自己共患难过的糟糠之妻呢？看来湖阳公主选宋弘为驸马还真是选对了，只可惜，宋弘是那样正直重义的一个人！"

宋弘既贵，念及糟糠。不尚公主，大振纲常。

◇原 文

汉，荀巨伯远省友疾。值寇攻郡，友曰：『吾今死矣，子可去。』巨伯曰：『远来相视，子令吾去，败义以求生，岂巨伯所行耶？』贼至，巨伯请以身代友命。贼相谓曰：『我辈无义之人，岂可掠有义之邑？』遂退去，一郡获全。

大军所至，一郡皆空，独巨伯不忍独生而去，贼感其义，竟释去，义之为用大矣哉。

◇白 话

东汉时候，有个叫荀巨伯的，正直刚义，做人尤讲义气。一次，远方的一个朋友生了病，巨伯千里迢迢去看望他。到得家里，碰巧遇到强盗要来攻打府城。朋友就对巨伯说：“兵荒马乱，情况紧急，你快些逃命要紧。反正我也是将死的人了，就留在这里不走了，免得拖累你。”巨伯说：“我千里迢迢前来看你，哪能只看一眼就走了呢？再说这哪里又是‘走’？只能称得上‘逃’罢了。抛弃朋友只身逃跑，这是我荀巨伯的为人吗？”不一会儿，强盗就到了。强盗要杀死巨伯的朋友，巨伯就对他们说：“我是他的朋友，从很远的地方来看望他。朋友生着重病，走不了，我本可以逃掉的，但怎忍心做无信义的小人，危难时就弃朋友而去？你们放了他，要杀，就杀我吧。”强盗们听了这番话，面面相觑，都羞愧地把刀扔到地上了，说：“我们才真是一帮没有信义的人，却来劫夺有信人之地，那不是羞死人？”说完就退走了，满城百姓得以保全性命，都感激荀巨伯的正直刚义。

汉荀巨伯，省友临危。行义代死，胡贼班师。